JN269460

報道されない沖縄

沈黙する「国防の島」

宮本雅史　産経新聞社那覇支局長

田村大任様

平成二四年七月二十三日

宮本雅史

角川学芸出版

今年八十歳

癸亥吉辰 [illegible]

[illegible]

報道されない沖縄　沈黙する「国防の島」　目次

第二章　葛藤　教育とイデオロギーの戦場　65

第三章　決断　基地をめぐる「世論」の行方

序章

遺棄

置き去りにされた「国防の島」

脅威

平成二四年二月一九日夜、沖縄県・久米《くめ》島から北北西約一七〇キロの日本の排他的経済水域（EEZ）内で海洋調査を行っていた海上保安庁の測量船「昭洋」（約三〇〇〇トン）に、中国国家海洋局の海洋調査・監視船「海監66」（約一二九〇トン）が急接近してきた。

現場は日中中間線から約一一〇キロ日本側に入った東シナ海だ。

「海監66」は並走を続けていたかと思うと、突然、舳先《へさき》の向きを変え約五五〇メートルまで接近、無線で船種や乗船人数などを質問した後、「中国の法令が適用される海域だ。直ちに調査を中止しなさい」と要求。昭洋が「我が国のEEZにおける正当な調査活動を実施している」と伝えると、しばらく並走した後、離れていった。

中国の海洋調査・監視船が日本のEEZ内に侵入、こともあろうに、海洋調査を行っていた海上保安庁の測量船に退去を命じたのである。まるで、他人の家に押し込み、「ここは自分の家だから出て行け」と主張するような行為だ。中国が日本の海洋調査の中止を要求したのは、二二年五月、九月に続いて三度目だった。

中国の横暴はこれだけではなかった。二三年六月八日と九日には、三つのグループに分かれたミサイル駆逐艦やフリゲート艦など一一隻が、潜水艦を伴って沖縄本島南端と宮古《みやこ》島の中間地点を抜けて南下、沖縄本島から一五〇〇キロ離れたフィリピン東方海域で、約一週間にわたり射撃訓練など大規模な軍事訓練・演習を行った。

防衛省によると、警戒監視していた海上自衛隊の航空機が、中国艦艇付近を飛行している中国海軍の無人航空機を確認、写真撮影した。それまでの中国海軍は、沖縄本島と宮古島の間を通過後、バシー海峡を抜け南シナ海に進出したり、沖ノ鳥島周辺海域で訓練を行ったりしていたが、この時は、米軍の戦略拠点であるグアムをにらんだ示威行動ではないかという声も上がった。

さらに、この年の一一月にも、二二日から二三日にかけて、補給艦やミサイル駆逐艦など六隻が宮古島の北東約一〇〇キロの海域を東シナ海から太平洋に向けて通過、西太平洋上で軍事訓練を行った。航行した艦艇のなかには、レーダーなどで他国の情報を収集できる情報収集艦が含まれていた。

中国の海洋調査・監視船が日本のEEZ内で海上保安庁の測量船に退去を命じた二週間ほど前の二月三日にも、中国海軍のフリゲート艦など四隻が軍事訓練のため太平洋に向けて、沖縄本島と宮古島の間を通過している。

二一年六月に、中国海軍が初めて西太平洋の沖ノ鳥島海域で軍事演習を行って以来、EEZ

への侵入と軍事演習の回数は増え、常態化するばかりか、規模も年々、大きくなっている。

しかも、沖縄本島と宮古島間を航行することに、日本政府は「大変強い関心を持って注視をしていかなければいけない」としながらも「無礼な行為や政治的挑発と見なすことはできるが、それに対して政府がなにか直接アクションを起こす性質のものではない」としているため、中国海軍は大手を振って第一列島線を通過して西太平洋に進出、軍事訓練を行っているのである。

こうした中国の狼藉は海だけではない。空でも行われている。

防衛省によると、二三年度第三・四半期の中国機に対する緊急発進回数は一四三回。前年度同期の約一・五倍にのぼり、四半期ごとに公表する形式となった一四年度以降では最多を数えた。二三年度第三・四半期までの緊急発進の総数は三三五回で、過去五年間で最多。うちロシア機に対するものは一七五回で約五二パーセント、中国機に対するものが約四三パーセント、台湾機に対するものが約一パーセントだった。

中国機に対する緊急発進が増えたことについて、防衛省は「中国の戦闘機が尖閣《せんかく》諸島周辺に飛来するケースが増えた」と説明しているが、このため、沖縄にある南西航空混成団の緊急発進回数は一五〇回で、前年度同期の六五回を大きく上回った。

こうした数字から尖閣諸島問題や竹島《たけしま》問題が日中関係、日韓関係を見る上で焦眉の課題となり、沖縄を取り巻く海域の荒波が高まりつつある現実が見えてくる。

国防要衝地

ところが、国防・安全保障の観点から、国内に目をやると、政府もマスコミも米軍普天間《ふてんま》飛行場（沖縄県宜野湾《ぎのわん》市）の移設問題に終始し、国防のあり方についての具体的な議論がほとんどなされていない。頻繁に姿を現す中国軍に慣れすぎてしまい、何も感じなくなってしまうことに、怖さを覚えずにいられない。

沖縄の仲井眞《なかいま》弘多《ひろかず》知事は、二〇一〇年四月二五日の普天間飛行場の県内移設反対を求める県民大会で「沖縄の過剰な基地負担は、明らかに不公平。差別に近い印象を持つ」と、「差別」という表現を使って沖縄の基地負担軽減と国防のあり方を日本全体で考えるよう訴え、政府首脳が沖縄を訪問するたびに、「安保には賛成で、日米同盟も必要だと思っている。ただ、安全保障は沖縄に押し付けるのではなく、国家の問題として国全体で考えていただきたい」と繰り返している。

だが、こうした仲井眞氏の真意、そして沖縄が置かれた現状がどこまで政府と四六都道府県の首長、そして本土に住む日本人に伝わっているかは、疑問だ。

沖縄は地政学上、国防面で重要な位置にあると言われる。県都・那覇市を中心に半径二〇〇〇キロの円を描くと、そのなかに東京、ソウル、平壌《ピョンヤン》、香港が、半径一〇〇〇キロの円だと、そのなかに福岡、上海、台北が入る。

防衛省は『在日米軍・海兵隊の意義及び役割』のなかで、沖縄の戦略的位置を、南西諸島のほぼ中央にあることや日本のシーレーンにも近いことをあげ、「極めて重要な位置にあり、戦略的要衝に存在する」とし、「周辺国からみると、大陸から太平洋へアクセスするにせよ、太平洋から大陸へのアクセスを拒否するにせよ、戦略的に重要な目標となり、沖縄に軍事的なプレゼンスを示すことは、周辺国がうかつに手出しできないことになり、沖縄を含めた我が国の安全保障上、大きな意義がある」としている。

また、アジア太平洋地域における兵力を比較。自衛隊が兵力一四万人、艦船一四九隻、戦闘機四三〇機なのに対し、極東ロシア軍は兵力九万人、艦船二四〇隻、戦闘機五七〇機、北朝鮮軍は兵力一〇〇万人、艦船六五〇隻、戦闘機六二〇機、中国軍は兵力一六〇万人、海兵隊一万人、艦船九五〇隻、戦闘機一九五〇機――としている

中国軍については、二二年度現在で、国防費が二二年前と比べて二四倍以上に伸び、新型潜水艦は三一隻、新型駆逐艦・フリゲートが三三隻、第四世代戦闘機が三四七機と、質量ともに大幅に向上、我が国周辺海域を含む海洋における活動を活発化させていると分析している。

その上で、朝鮮半島や台湾海峡で紛争が起きた場合、沖縄に駐留する米軍の現地までの到達時間をこう説明している。

▽沖縄―ソウル＝距離約一二六〇キロ（グアム―ソウル＝約三二〇〇キロ）
　船舶約三四時間（約八七時間）

戦闘機約一時間（約三時間）
ヘリ約五時間（約一五時間）
▽沖縄—台北＝距離約六三〇キロ（グアム—台北＝約二七六〇キロ）
船舶約一七時間（約七五時間）
戦闘機約三〇分（約二・五時間）
ヘリ約二・五時間（約一二・五時間）

外交官経験者は、

「いかに沖縄を取り巻く環境が厳しくなっているか、我が国の防衛上、沖縄がいかに重要で、米軍がいかに必要かは数字を見ればはっきりと理解できる。普天間飛行場は沖縄県内に移設するほかない。名護《なご》市辺野古《へのこ》に移設することを前提に日米関係があり、もし、米軍がいなくなったら、日米同盟はあってもなくてもいいようなものになってしまう。基地があることで日米同盟が成立している。私は、米軍がグアムに撤退した後も西表島《いりおもてじま》の飛行場を米軍に使わせるなど、日本との関係を切っても切れないものにしておかないといけないと思っている」

と、在沖米軍の必要性を説いた。

また、別の外交官経験者も、

「我が国の国防政策にはもはや後がない。在沖米軍の問題は沖縄だけの問題ではない。日本国全体の問題として考えないと取り返しがつかなくなる」

と警告する。

本土への不信

だが、現実を見ると、沖縄と本土の間には大きな壁があり、一つの国家として意識を共有できないでいる。

それを象徴したのが、鳩山由紀夫元首相が沖縄を訪問した際の発言だ。鳩山氏は二一年五月四日、仲井眞知事と会談した際、こう述べている。

「普天間基地は海外へという話もあったが、現実に日米の同盟関係を考えた時、近隣諸国との関係を考えた時、必ずしも抑止力という観点から難しく不可能だと申し上げてきた。県外に移設しようということで努力しているが、すべてを県外にということは現実問題として難しい」

そして名護市長との会談では、

「日米同盟を維持するための抑止力の観点から、沖縄やその周辺に引き続き負担をお願いせざるを得ない状況になってきている。県外移設も模索したが、沖縄から遠いところに移設できないということが交渉のなかで出てきている」

と語り、会談後の記者団の問いには、

「アメリカ海兵隊の存在は、必ずしも抑止力として沖縄に存在する理由にならないと思っていたが、学べば学ぶにつけ、沖縄のアメリカ軍全体のなかでの役割を考えた時、海兵隊のみならず、各部隊が連携して抑止力が維持できるという思いに至った。考えが浅かったと言われれば、その通りかもしれない」

と答えている。鳩山氏は自ら、安全保障問題を理解せず、場当たり的に発言してきたことを露呈した。

しかし、それは何も鳩山氏に限ったことではなかった。普天間飛行場の移設先としていくつかの自治体が候補に上がったことがある。中部地方のある自治体もそのなかの一候補だった。ところが、この自治体の首長は、テレビ局のインタビューに何の逡巡《しゅんじゅん》もなく即座に「(受け入れは)ノー」と答えた。それを知った沖縄では「やっぱり。当事者として国防問題を考えていないことがはっきりした。日本国民は、基地は沖縄に押し付けておけばいいと考えている」という嘲笑《ちょうしょう》が広がった。

在沖海兵隊の岩国《いわくに》移転の話が浮上した時も、岩国市が反対の意向を示すと、政府は日を置かずにすぐに引っ込めた。当然、沖縄ではこんな声が上がった。

「沖縄の場合は、有無を言わさず基地を押し付ければいいと考えている。知事がしっかりとした説明を求めているにもかかわらず、いつも沖縄の頭越し。差別以外の何物でもない」

沖縄で、米軍基地問題と歴史問題について意見を言おうとして、「ヤマトンチュには分からない。沖縄を知らなすぎる。勝手なことを言うな」と声を荒らげられたことは筆者も一度ならず経験している。それは、保守と言われているグループも例外ではない。

「『最低でも県外』の方針の下、何がどのように検討されてきたのか。移設先が辺野古に回帰した理由は何なのか、アメリカ側とはどういう協議をしたのか。説明がまったくない。いくら首相や閣僚が来ても、それは努力しているというパフォーマンスをアメリカに向けて発信しているだけ」

という声も根強い。

保守、革新を問わず、これほど本土に対しての不信感が蔓延《まんえん》しているのである。

国家観なき同情

「ほかの自治体の首長と沖縄の首長の違いが分かりますか。沖縄の知事になると、時間の大半は基地問題で消耗してしまう。本来、外交と安全保障問題は国の専管事項のはずなのに、政府には何の戦略もないから、すべて現場に押し付けられてしまう」

沖縄県内のある雑誌編集者はこう批判した上で、

「沖縄の問題は日本の独立の問題。国のあり方を踏まえた上で、基地問題を考えないといけない。日本のなかの沖縄という視点が大事だが、復帰時からそれがなかった。対策はあったが、政策はなかった。金さえ出しておけばいいと。すべてを先送りにしてきたつけが、ここにきて大きくなって出てきた。今こそ、国体論に戻るべき」

と警鐘を鳴らした。

また、知事経験者の一人も、

「国防という面で見た時、沖縄を『日本の沖縄』として捉えてこなかったことが問題だ。国防問題は、東西冷戦構造時代のヨーロッパの自由主義国を見ても、イデオロギー的には反目しあっている東側諸国とも、少なくとも外交防衛については近いものがあり、一致していた。日本の場合は、片方がアメリカのダミーみたいなものであれば、片方はソ連のダミーみたいな発言をしてきた。主要な問題を議論しないで、先延ばしにしてきた。これが沖縄の悲劇だ」

と政府の国防政策に疑問を投げかけ、

「国防は自分達のもので、自らが守らなければいけないという義務がある——と日本人みなが考えていれば、沖縄だけにこれだけの基地を押し付けていいのだろうかという疑問の声が出てくるはず。ところが、いつまで経っても、それが聞こえてこない。沖縄は大変だなあとか、可哀想だとか、口先の同情の声はよく耳にするが、具体的にどうしようという声は一切、出てこない」

と政府の国家観の欠如を指摘した。

「踏み絵」

一方、沖縄県民はことあるごとに、国防と米軍基地という名の下に踏み絵を踏まされる年月を送ってきた。一県民が「戦争」と「米軍基地」、「国防」の三点を背負わされてきたのは沖縄だけである。大東亜戦争では、東京大空襲、広島・長崎の原爆、そして終戦後、ソ連軍に侵攻された樺太《からふと》の悲劇……と、戦争の爪痕《つめあと》は全国各地にあるが、戦争末期の沖縄地上戦では県民が米軍相手に熾烈《しれつ》な戦闘を展開した。

　大田實海軍少将は自決前の昭和二〇年六月六日、海軍次官宛に送った電報でこう報告している。少し長くなるが引用する（原文の片仮名表記と歴史的仮名遣いは、平仮名・現代仮名遣いに改めた。■は原文ママ）。

「沖縄県民の実情に関しては県知事より報告せらるべきも　県には既に通信力なく　三二軍司令部又通信の余力なしと認めらるるに付　本職県知事の依頼を受けたるに非ざれども　現状を看過するに忍びず　之に代って緊急御通知申上ぐ

　沖縄島に敵攻略を開始以来　陸海軍方面　防衛戦闘に専念し　県民に関しては殆ど顧みるに暇なかりき

　然れども本職の知れる範囲に於ては　県民は青壮年の全部を防衛召集に捧げ　残る老幼婦女子のみが相次ぐ砲爆撃に家屋と家財の全部を焼却せられ　僅に身を以て軍の作戦に差支なき場所の小防空壕に避難　尚　砲爆撃下■■■風雨に曝されつつ　乏しき生活に甘んじありたり

　而も若き婦人は率先軍に身を捧げ　看護婦烹炊婦はもとより　砲弾運び　挺身斬込隊すら申出るものあり

所詮　敵来りなば老人子供は殺されるべく　婦女子は後方に運び去られて毒牙に供せらるべしとて　親子生別れ　娘を軍衛門に捨つる親あり
看護婦に至りては軍移動に際し　衛生兵既に出発し身寄り無き重傷者を助けて[redacted]　真面目にて一時の感情に駆られたるものとは思われず
更に軍に於て作戦の大転換あるや　自給自足　夜の中に遥に遠隔地方の住居地区を指定せられ輸送力皆無の者　黙々として雨中を移動するあり　之を要するに陸海軍沖縄に進駐以来　終始一貫　勤労奉仕　物資節約を強要せられつつ（一部は兎角の悪評なきにしもあらざるも）只管日本人としての御奉公の護を胸に抱きつつ　遂に[redacted]与え[redacted]ことなくして　本戦闘の末期と沖縄島は実情形[redacted]
一木一草焦土と化せん　糧食六月一杯を支うるのみなりと謂う　沖縄県民斯く戦えり
県民に対し後世特別の御高配を賜らんことを」
沖縄県民のすさまじい戦いぶりが手に取るように伝わってくる文章だ。
元陸軍軍曹の玉那《たまな》覇《は》徹次《てつじ》氏は、
「沖縄では大きな声では話す場がないが、沖縄を守るためにこの手で引き金を引いた。沖縄のためにいかに勇ましく戦ったのか、を伝えないと英霊に対して申し訳ない。沖縄人は、基地問題に固執するだけではなく、日本の国防を背負ってきたんだという自負に欠けているのだ」
と話した。

沖縄の国防観と反戦平和運動

玉那覇氏が「沖縄では大きな声では話す場がない」のには理由がある。話すのは知事経験者だ。

「国防の概念が本土とは違う。沖縄には、軍隊がいたから戦争に巻き込まれたという意識がある。いなければ巻き込まれなかったと。この思いはものすごく強い。国をあげての戦争だったが、県民の四分の一は死んでいる。基地がなければ、相手にもされなかったはず。軍隊がいることで狙われた。年配の人になると、親族や知人のだれかが犠牲になっている。この思いはなかなか消えない」

この知事経験者はさらに、

「米軍の占領政策もあったのだろうが、『日本軍に虐殺されたが、アメリカ兵に救われた』という声が大きく取り上げられた。戦後は『アメリカは敵ではない。むしろ、日本軍隊の方が敵という意識』が強かった」

と続けた。

確かに、元自衛隊員からは、復帰当時は米軍よりも自衛隊への反発が強く、自衛隊員が成人式に出席するのを反対したり、運動会にも参加させなかったりで、自衛隊反対運動が激しかったという話を度々耳にする。

沖縄での自衛隊はその後、自衛官の地元採用が増えたことや、離島での急患搬送、不発弾処理、自衛隊員の事件・事故の減少……など地道な活動が浸透したことで県民に受け入れられるようになった。しかし、先の知事経験者によると、いまだに県民の心の底には旧日本軍に対する反感が潜み、それが自衛隊アレルギーにつながり、「米軍がいなくなると、反対活動家が県民の自衛隊アレルギーを刺激し、自衛隊が反対派のターゲットにされる可能性がある」と話す。

沖縄で反米軍基地運動を展開している、という自称・本土の左翼活動家は自身のブログで「沖縄の反戦平和運動」について、

「世界各国の反戦平和運動は戦争に反対するものであり、戦争を抑止する軍隊に反対する運動ではないのだが、非武装平和主義の思想が残る沖縄では、よく混同されている。軍人を人殺しと忌み、自衛隊や自衛官個人やその家族を攻撃するものがある（中略）沖縄の反戦平和運動は世界の中でも日本の中でも特殊であることをまず自覚して欲しい」

と、沖縄の反戦運動の性質を綴った後、

「沖縄における現在の反戦平和運動は、在日米軍や日米安保に絡んで米国に主眼をおいたものが多く、中国によるチベット侵略戦争など米国の関与していない戦争に対してはまったく取り組まないのである。沖縄の反戦団体や人権団体、環境団体は、日本や米国の軍事力に対する活動が盛んであるが、その他国家の軍事力、例えばここ十九年間で十六倍もの軍事費を費やしひたすら軍拡を続ける中国や核開発に至った北朝鮮などに同様の活動をする団体はなぜか無い」

と、その特性を評している。

こうした歴史的な背景は沖縄県民の国防意識にも大きな影響を及ぼしている。

米軍に土地を提供しているある軍用地主は、

「実際問題として基地と国防を考えることはしない。もちろん、基地への反発を抱き続けてはきたが、その一方で、基地を受け入れ、経済的恩恵を享受することで地域の発展を目指してきた。『容認』と言うと、沖縄地上戦を経験した歴史を軽視すると見られるのではないか、『反対』と言うと、経済発展を望んでいないと見られるのではないか――と勘ぐるようになり、知らず知らずのうちに、個人的な意見であっても、基地や国防に対する意見を明確に打ち出すことをしなくなった」

と語る。基地にがんじがらめにされてきた現実のなかで、幾分か歪曲した国防概念を植え付けられ、あるいは経験から身についてしまった県民に国防判断を強いているのが現実なのだ。

差別

詳しくは後述するが、普天間飛行場の代替施設問題一〇年史をまとめた『決断』によると、米軍普天間飛行場の移設受け入れという苦渋の決断をした名護市の比嘉《ひが》鉄也《てつや》元市長は国防について、

「私が言いたいのは、マスコミや本土の人達は何かというと、『基地の是非を問う』みたいに

言うこと。こんな小さな市に焦点をあてて、そのたびに市民が二分して争う。本当にそれでいいのか。基地についての問題は、もっと根源的なところから議論しなければダメ。さもないと、『基地は沖縄に集中し続ける』という金太郎アメの結論しか出てこないことになる。国と国が話し合い、国と県が話し合い、そして市民に問うのでなければ解決しないはずです。普天間基地の移転についても、国会で沖縄県内移転か県外移転か、カンカンガクガクの十分な議論をしたといえるのか。（中略）大きいものが小さいものに判断を任せている。大田知事も私には会ってくれず、結論を延ばしてきた。住民投票で反対派が勝ち、市長選も圧倒的に有利だという予測が流れた段階で『拒否声明』。全部お膳立てができてから箸と茶碗を持ってきてどうするのか」

と不満を述べた後、

「なぜ、われわれだけが『基地』『基地』と問われなきゃならんのか。そうしている限り、基地は本土の問題にならないし、解決もしない。（中略）沖縄の人が『基地』を聞かされるのは苦痛だよ。住民投票のときも本土から来た反対派の運動員たちが市民を捕まえて『米国海兵隊は人殺しです。あなたは命が大切か、カネが大切か』などと聞いていた。愚問だろ？　カネというと不浄のように聞こえるが、生きるためにはカネも命も大切なんだよ。（テレビキャスターの）久米宏さんが私のことを『土建業者とつるんだ』と言ったが、当てずっぽうでモノを言うな、と言いたい」

と怒りをぶつけている。

また、同じく『決断』によれば、比嘉氏の後継者として名護市長となり、普天間飛行場を条件付きで受け入れることを表明した岸本建男《たてお》氏（故人）は一一年一二月二七日、

「沖縄の米軍基地がわが国の安全保障のうえで、あるいはアジア及び世界の平和維持のために不可欠であるというのであれば、基地の負担は日本国民が等しく引き受けるべきものである。しかし、どの県もそれをなす意思はなく、またそのための国民的合意は形成されず、米軍基地の国内分散移設の可能性はまったくないというのが現状です。このような状況で、沖縄県民が基地の移設先を自らの県内に求め、名護市民にその是非が問われていることについて、日本国民はこのことの重大さを十分に認識すべきであると考える」

と問題意識を喚起するよう注文をつけている。

米軍基地問題というと、県民もテレビも新聞も、そして政治家もだれもが、判で押したように「苦渋の決断」という言葉を口にする。だが、本当に「苦渋の決断」を強いられたかつての指導者の思いはどこに消えてしまったのだろうか。

普天間飛行場の移設問題の根底には、日本人として向き合わなければならない問題が多く存在する。確かに、反日・反米運動を展開する活動家グループが強い発言力を発信、扇動している側面は否定できないが、その一方で、沖縄県民は、身近にそして現実的に、戦中と戦後を通して国防を肌で感じ、生き抜いてきた日本人なのである。

鳩山由紀夫元首相の「県外移設」発言の際、果たして四六都道府県のうち、どの首長が真剣に米軍基地問題と国防を考えただろうか？　どの発言からも「沖縄に任せておけばいい」という本音がにじみ出ていた。国防問題を自らの問題として捉えようともせず、事なかれ主義に徹し、他人任せにする。沖縄県民はそれを「差別」と呼ぶのである。


今年、沖縄は本土復帰四〇周年を迎える。

新たな経済振興の初年度になるばかりか、沖縄振興特別措置法の改正と米軍跡地利用法に関する制度が一元化されるなど、沖縄にとって大きな節目になる年だ。

沖縄は今、無言のうちに、日本人全員に国家とは何か、国防とは何かを問いかけている。

私達はその問いかけにどう応えるのか？

そして沖縄に生きる者達の、共通の、そして真の思いとは何か？

その答えを探るため、時計の針を四〇年前に戻すことから始める。

第一章

祈り

悲願の祖国復帰

昭和四七年五月一五日

昭和四七年五月一五日、時計の針が午前零時を指すと、降りしきる雨のなか、那覇市内には車のクラクションが一斉に鳴り響き、船舶の汽笛と寺院の鐘がこだました。

時を同じくして、それまで琉球政府の上部組織として沖縄を取り仕切ってきた琉球列島米国民政府の最後の高等弁務官、ジェームズ・ベンジャミン・ランバート中将が、妻と嘉手納《かでな》飛行場から米国に向けて飛び立った。

「アメリカ世《ゆー》から大和世へ」――。

米軍の占領に始まった二七年間にわたる米国の沖縄統治に終止符が打たれ、沖縄一〇〇万県民が二七年ぶりに日本国民としての主権を回復した瞬間だ。

沖縄県民は「本土復帰」とは言わない。「祖国復帰」と唱え続けた。悲願の「祖国復帰」だった。この日午前六時過ぎには、初の県議会が招集され必要な県条例と暫定予算を可決、就任したばかりの屋良朝苗《やらちょうびょう》初代知事が署名、公布し、新しい沖縄県政が正式に発足した。

午前一〇時半から政府主催の沖縄復帰記念式典が、東京・日本武道館と那覇市民会館でテレビ中継を交えて同時に開催された。那覇市民会館には、沖縄県関係者や米軍関係者ら約一五〇〇人が参加した。『君が代』斉唱、戦没者らへの黙禱《もくとう》……。そして、テレビ中継で佐藤栄作首相の式辞が県民に届けられた。

「沖縄は本日、祖国に復帰した。私はまず、このことを過ぐる大戦で尊い犠牲となられた幾百万のみ霊《たま》につつしんでご報告いたしたい。祖国愛に燃えて身命を捧げた人々を思い、現代に生きるわれわれとして、ここに重ねて自由を守り平和に徹する誓いを新たにするものである。

戦中、戦後における沖縄県民各位のご苦労は何をもってしても償うことはできないが、今後本土との一体化を進めるなかで沖縄の自然、伝統的文化の保存との調和をはかりつつ、総合開発の推進に努力し、豊かな沖縄県づくりに全力をあげる決意である」

こう語りかけた佐藤首相は、「戦争によって失われた領土を、平和のうちに外交交渉で回復したことは、史上極めて稀なことであり、これを可能にした日米友好のきずなの強さを痛感するものである」と付け加えることも忘れなかった。

これに対し、白いリボンを胸に、日の丸を掲げたひな壇に立った屋良知事は、

「復帰への鉄石の厚い壁を乗り越え、けわしい山をよじ登り、いばらの障害をふみ分けて遂に復帰にたどりついて、ここに至った県民の終始変わらぬ悲願、主張、運動、そこから引き出された全国民の世論の盛り上がり、これに応えた佐藤総理大臣はじめ関係当局の熱意と努力、さらに米国政府の理解など顧みて深く敬意を表し、心から感謝申し上げるものであります」

と佐藤外交を評価したものの、

「沖縄県民のこれまでの要望と心情に照らして復帰の内容を見ますと、必ずしも私どもの切なる願望が入れられたとは言えないことも事実であります。そこには米軍基地の態様の問題をはじめ、内蔵するいろいろな問題があり、これらを持ち込んで復帰したわけであります。したがって、これからもなお、きびしさは続き、新しい困難に直面するかもしれません」

と、復帰条件の不満足さもあげて、復帰後の前途の険しさをこう暗示した。

「私ども自体が、まず自主主体性を堅持して、これらの問題の解決に対処し、一方においては、沖縄が歴史上、常に手段として利用されてきたことを排除して県民福祉の確立を至上の目的とし、平和で、今より豊かで、より安定した希望のもてる新しい県づくりに全力をあげる決意であります」

沖縄県側は、この日午後二時から、同じ那覇市民会館で、「新沖縄県発足式典」を行い、屋良知事が琉球政府の解散と沖縄県の発足を宣言するなど、各地で祝賀行事が催された。

だが、復帰を快く受け入れる市民ばかりではなかった。日本国中が歓喜にわくなか、五月一五日はある新たな闘争の幕開けの日でもあったのだ。

新たな闘争の始まり

この日、五月一五日午後三時、「新沖縄県発足式典」が開かれた那覇市民会館と隣り合わせの与儀公園で、「5・15抗議県民総決起大会」が開かれた。

復帰後も米軍基地が継続すること、さらに自衛隊が新たに配備されることに反対する祖国復帰協議会（復帰協）は五月一五日を「新たな屈辱の日」と位置づけ、「自衛隊反対、軍用地契約拒否、基地撤去、安保破棄、県民の要求を無視した〝沖縄処分〟抗議、佐藤内閣打倒」を声高らかに謳い上げ、引き続き、日米両政府を糾弾《きゆうだん》する闘争を継続することを確認した。参加した学生や労働組合員らは降りしきる雨のなか、シュプレヒコールをあげながら那覇市内をデモ行進。途中の国際通りでは、道路の両側に立てられたばかりの日の丸旗や「沖縄県」と書かれた標識を破壊することもあった。

五月一五日を「新たな屈辱の日」として始まった革新勢力による闘争は、現在、大きな外交、国防案件になっている米軍普天間《ふてんま》飛行場（沖縄県宜野湾市）の名護市辺野古《へのこ》への移設反対運動にも継承されている。その背景は、当時の各政党の反応から探ることができる。

昭和四七年五月一五日付『沖縄タイムス』によると、自民党県連は復帰を新時代の到来と歓迎。

「いたずらに被害者意識のみにとらわれることなく、父祖伝来の不屈な開拓魂をいっそう発揮して新しい創造に力を結集、地方自治の本旨に沿った県政を確立しなければならない」

と、平和で豊かな県づくりを強調した。

対して、革新系は、

「これまで不法に設定されたぼう大な軍事基地を新たに米軍に提供し、加うるに戦力を持つ自衛隊を配備するなど、その実態は依然として沖縄を軍事上重要な役割を負う立場に位置づけ、沖縄のためにも、日本の将来のためにも重大な禍根ともなっており、許せない。新たな権力支配に迎合追従して隷属化することを排除しなければならない」（沖縄社会大衆党）

「沖縄県民に新たな苦痛と屈辱、犠牲をしいようとするものである。沖縄をめぐるたたかいの新しい段階のはじまりに当たり、民主県政の樹立と、核も基地もない平和で豊かな沖縄の実現、民主連合政府の樹立、日米沖縄協定の侵略的、屈辱的条項の廃棄、日米安保条約の廃棄の旗を高く掲げ、すべての平和を愛する沖縄県民および、全国の民主勢力を中心とする広範な国民大衆とともに全力をあげてたたかいぬく」（琉球人民党）

「日米両国政府は自衛隊の沖縄配備と共同管理を推し進めて、沖縄をかなめとした日米共同作戦への軍事同盟を強化促進しつつある。まさに安保体制は、アジア安保へと変質し、沖縄がいっそうアジア侵略のかなめとされようとしている。日本の軍国主義化をいっそう推し進めるものである。五月十五日を新たな出発点として、自衛隊の沖縄配備をくいとめ、米軍支配のもとでこうむった県民の一切の損害を侵略のかなめから平和のかなめへ作り変えていくたたかいを県民はじめ全国民と展開することを決意する」（社会党県本部）

「日米政府は県民の意思を踏みにじり、多くの不安と疑惑をもつ軍事優先の沖縄協定を締結した。平和で豊かな沖縄県建設をめざして戦う」（公明党県本部）

「今後の沖縄の行く手には基地問題、経済開発問題などあまりにも多くの問題がある。佐藤自民党政府の沖縄対策は県民の要求とはうらはらに、いっそうの混乱と犠牲をおしつけており、こんごのたたかいのきびしさを感ずる。民族支配下における抵抗と対立の政治から脱皮し、百万県民の豊かな生活と平和な沖縄を建設するためにたたかいつづける」（民社党県本部）

と、反基地、反安保、反自衛隊闘争を継続すると宣言している。

新たに開始された闘争を、元保守系議員らは、こう総括してもいる。

「復帰から四〇年、沖縄は県内外の活動家が闘争を継続するための場所と化してしまった。その闘争は、反米軍基地、反自衛隊など、反米、反日闘争に明け暮れ、復帰後の沖縄を経済的に自立、成長させるための経済闘争はほとんど展開されてこなかった。それが、沖縄経済を疲弊させ、いまだに自立できない要因の一つではないか」

復帰の日は沖縄県にとって、新たな葛藤を抱え込む始まりの日ともなったのである。

米国の沖縄統治

沖縄の歴史は複雑だ。だが、その歴史を抜きにして今の沖縄の姿を語ることはできない。

沖縄県民が皮肉交じりに好んで口にする歌がある。シンガーソングライターの佐渡山《さどやま》豊さんが作詞、作曲した楽曲『ドゥチュイムニー』（「ひとり言」）だ。

唐ぬ世《ゆー》から　大和ぬ世《ゆー》
大和ぬ世から　アメリカ世
アメリカ世から　また大和ぬ世
ひるまさ変わゆる　くぬ沖縄

「唐ぬ世」は実質的には中国の統治下にあった時代を、「大和ぬ世」は日本政府の統治下にあった時代を、「アメリカ世」は米国の統治下にあった時代を指す。中国に支配されたかと思うと、日本に。日本の次はアメリカに。アメリカの次はまた日本に。支配者はどんどん変わったが、自分達市民は何も変わらない。変わるのは統治者ばかり――というこの詩は、大国に翻弄《ほんろう》され続けた沖縄の歴史を端的に表している。

では、「アメリカ世」はどんな時代だったのか。悲惨さばかりが伝えられてきたアメリカ世だが、よい部分はなかったのか。

大東亜戦争末期の昭和二〇年四月一日、慶良間《けらま》諸島を制圧した米軍は沖縄本島に上陸、沖縄侵攻を開始した。沖縄本島の防衛にあたる日本軍と激戦を繰り広げた後、五日、チェスター・ニミッツ海軍元帥の名で、「米国海軍軍政府布告第一号」（ニミッツ布告）を公布し、読谷村《よみたんそん》に琉球列島米国軍政府（以下、軍政府と略記）を設立した。

ニミッツ布告は、奄美群島以南の南西諸島地域における日本政府のすべての行政権の行使を停止し、軍政府が統治するというものだった。この軍政府は八月二〇日、終戦を迎えるとすかさず沖縄統治機構の整備に着手、沖縄県庁に代わる統治機関として沖縄諮詢会《しじゅんかい》を設置するなど、沖縄、奄美地域での軍政区域を拡大していった。

この沖縄諮詢会は翌二一年四月二四日、沖縄民政府に移行するが、それまでの約八ヶ月間、軍政府と住民との間の意思疎通機関として、食糧配給や土地所有権認定措置法案、戸籍法の整備、教育、公衆衛生、人口調査など、行政の基盤となる重要事業に取り組んだ。

二五年に入り朝鮮戦争が勃発すると、米軍による極東地域戦略のため、沖縄は後方支援基地としての重要性が高まり、沖縄本島の軍道一号線（現在の国道五八号）の拡張や那覇軍港の整備、弾薬倉庫や大規模な軍事基地の施設など、軍用地の開発が進められた。結果、沖縄は極東最大の米軍基地となり、米軍に「キーストーン（太平洋の要石）」と呼ばれるようになった。

一方で米軍は、軍事施設の建設と並行して敗戦で焦土化した日本の復興支援も展開した。その一つが、ガリオア基金（占領地域救済政府基金）とエロア基金（占領地域経済復興基金）である。

ガリオア基金は、病気や飢餓などによる占領地域の社会不安を防止し、食料や肥料、医薬品、石油などの生活必需品を、エロア基金は、占領地域の経済復興のために、鉱産物などの工業原料や機械などの資本財を供給するという援助制度だ。

外務省ホームページよると、昭和二一年度から二六年度までの約六年間に日本が受けたガリオア・エロア基金による援助の総額は約一八億ドルで、そのうちの一三億ドルは無償援助（贈与）だった。外務省は、現在の価値に換算すると、約一二兆円（無償は九兆五〇〇〇億）にのぼり、日本が現在、一年間に一兆五〇〇〇億円のODAで世界の約一六〇ヵ国を支援していることと比較すると、米国が日本一国に対し援助した一二兆円（一年では二兆円）がいかに多額であったかが理解でき、この援助がなければ日本の復興は考えられなかった、と記している。

沖縄県については、二四年から二五年にかけて軍政府の長官を務めたジョセフ・R・シーツ陸軍少将が、自身、第二四軍団砲兵指揮官として沖縄戦に参戦したことから、「自ら破壊した沖縄を自らの手で再建復興する」と宣言。ガリオア・エロア基金を導入して、経済援助を本格化させ、さらに那覇を琉球の首都とすることを宣言して、建築、居住制限を緩和した。乱立する基地施設も整理、統合して、集中的に機能を強化、加えて、住民自治を強化するとともに、駐留米兵の待遇改善と綱紀粛正をはかるなど、多岐にわたる施策を実行した。

政治体制面では、二五年一二月一五日に、軍政府を解消して「琉球列島米国民政府」（以下、民政府と略記）を設立した。沖縄を長期間、統治するためだった。「シーツ善政」とも呼ばれた彼の施策で沖縄の戦後復興は軌道に乗りはじめ、彼が帰国する際には、市民の間から留任運動が起きたほどだという。

二七年四月一日、民政府は奄美群島、沖縄群島、宮古群島、八重山群島をまとめ、自らが指名する住民を行政主席とする琉球政府を創設する。同月二八日、サンフランシスコ講和条約が発効すると、沖縄は琉球政府として名実ともに米国の施政下に置かれることになった。

琉球政府は民裁判所と立法院、行政府を備え、三権を担ったが、民政府は、琉球政府が制定した法令の執行の停止を自由に命じることができたほか、琉球政府のトップである行政主席の人選についても、初期の頃は民政府が任命と罷免を恣意《しい》的に行うなど、琉球政府は常に民政府の下部組織的存在で、最終的な意思決定権は米国が握ったままだった。

琉球政府の上部組織である民政府は、電力供給を統括する琉球電力公社（現・沖縄電力）や琉球大学を管轄したほか、司法権を直接行使するために米国民政府裁判所という独自の裁判所を設け、その上で、米軍の意向に沿った行政運営をさせる命令機関だった。

発足当初は最高責任者を民政長官と呼び、連合国軍最高司令官が兼務して統治の全責任を担っていたが、三二年に民政長官制を廃止し、高等弁務官制に移行。米国本土から全権を委任された高等弁務官が統治を行うようになった。

米軍統治下の生活

では、米軍統治時代の沖縄県民の生活はどうだったのか。

終戦直後、住民は収容所暮らしを強制されたが、米軍は小麦粉やトウモロコシなどの食料品やチューインガム、チョコレートなどの嗜好品を配給。「戦前、芋やソテツの毒を抜いて食料にするなど貧しい生活を余儀なくされていた」（主婦＝八〇代）という住民にとって、それは魅力的な食べ物だった。

軍事基地の建設に伴って、基地での雇用も盛んになった。那覇に住む八五歳の女性は当時の生活をこう振り返る。

「食べることについては決して苦しいとか、みじめだという思いはしていない。缶詰や卵、ソーセージ、ハムなどの配給があって豊富だった。私の姑も、汁物にソーセージの大きな固まりを入れて食べていた。特別裕福というわけではなかった私の家庭がそんな状況だったから、ほとんどの家庭も同じだったと思う。軍での作業が盛んだったので、軍に勤めている人達は、給料も高く、もっと豊かだった」

六〇代の元保守系議員も、明治維新後の日本政府の沖縄政策と米軍統治時代を比較しながら、こう回顧した。

「戦前の日本政府は、沖縄を飛び越えて、台湾の経済振興に力を入れていた。だから、それまでの沖縄は貧しく、裸足で、食べるものといえば芋。米軍が駐留して基地建設が始まると、基地特需で一挙に人口が増えた。米軍が統治している間は、戦前ではまったく想像できなかった経済振興が展開された。米軍が駐留して初めて本格的に国土が造られた。やっと飯を食べられるようになったと思った人も多かったはずで、経済的にはよかったという年配者も多い」

ただ、この元議員はこうも話した。

「確かに基地特需でフィリピンや奄美や先島《さきしま》から人が集まってきて、活気はあったが、基地に依存する経済構造ができあがってしまった。想像するに、沖縄が独自の製造業を興して豊かになると、住民たちが基地など要らないと言い出しかねない。アメリカ側はそういう雰囲気を封じる狙いもあったのではないかと思う」

民政府は、沖縄住民に対して伝統文化の保存と継承を一貫して奨励したほか、住民と米国との親善活動も展開している。その初期には、こども達にプレゼントをしたり、クリスマスパーティなどを開いたりして交流を深めたが、一九五〇年代後半になると、民政府が自治体ごとに琉米親善委員会を組織。ペリーが来琉した五月二六日を米琉親善記念日とし、さらにこの日の前後一週間を米琉親善週間と定め、官民合同の親善活動が展開された。一九六〇年代に入ると、陸・海・空軍と海兵隊に親善活動対象地が割り当てられ、ボランティア活動を展開するようになる。

民政府は米国と住民との親善を図るため、広報活動も積極的に展開している。昭和三二年には月刊誌『今日の琉球』を創刊し、民政府の宣伝や施策を解説。三四年には新たに月刊誌『守礼の光』を創刊し、沖縄文化や米国の歴史などを紹介した。

民政府はさらに、二七年には、名護市と石川市（現・うるま市）、那覇市、平良《ひらら》市（現・宮古島市）、石垣市に、図書館やホール、集会室を完備した米国型文化施設「琉米文化会館」を建設している。文化会館には、政治的な意図をもって建設されたという批判もあったが、図書館には大人向けの書籍だけでなく、絵本や児童書も多く収められた。絵本はカラフルな物が多く、英語が分からなくても楽しめたという。三二年には月平均一万三〇〇〇人の市民が利用し、貸し出し冊数が年間七万三〇〇〇冊に及んだという記録が残されている。

宮古琉米文化会館は木造瓦葺きの建物で、毎日午前九時から午後九時半まで開放された。住民は、絵画や書道、写真、生け花、英語、英会話、スクウェアダンス、郷土史講座、宮古民謡などを学ぶこともできた。館外活動にも力を入れ、公民館を中心に巡回、書籍の貸し出しも展開したという。

民政府はその後、コザ市（現・沖縄市）と糸満町（現・糸満市）、座間味村に、多目的ホールや会議室を備えた琉米親善センターを建設している。米軍は、沖縄住民を独自の文化に誇りを持つ少数民族ととらえていたようだ。伝統文化を保護、継承することを維持推奨し、独自のアイデンティティを構築させるのと同時に、米国文化を注入することで、恒久的に沖縄を米軍の支配下に置き、統治しようとしたとも伝えられている。

こうした民政府の文化政策について、月刊誌『守礼の光』が米国側のプロパガンダとされ、燃やされたり破り捨てられたりする反発もあったが、前出の元保守系議員は、民政府が琉球大学を設立したことをあげながら、こう語る。

「沖縄には帝大がなかった。民政府は、日本政府がやらなかったことをして、大学教育を受けるチャンスをつくってくれた。当時、日本は国費制度で毎年一〇〇人近い若者を受け入れていたが、金もなく、受験勉強する時間もない若者を琉大が救ってくれた。米国の善政の一つとして、評価し感謝している。フルブライトなどで留学組が増え、米軍統治の良さを感じた若者も多かったはずだ。現在、反米闘争を展開しているグループのなかにも米軍統治の恩恵を受け、米国本土で教育を受けた者も多い。ほとんど表面には出さないが、県民の多くは琉大の開校は米軍のお陰だと理解し、感謝している」

確かに、米軍が沖縄県民の教育施設を充実させようとした痕跡がある。二一年に、軍政府によって具志川村（現・うるま市）に教員養成のための沖縄文教学校が、また、外国語教育施設として沖縄外国語学校が開設。米軍占領下でも、二二年には本土と同様の六・三制の学制を実施し、二三年には当時の軍政府が沖縄民政府にジュニアカレッジの設立を指示、二五年五月二二日、民政府布令第三〇号に基づいて琉球大学が開校した。

こうした話は文献には残されているが、沖縄と米軍の関係を語る際には、ほとんど表には出てこない。同様に沖縄県民と米軍との交流も伝えられることは少ないのだが、一つのエピソードがある。

市民と海兵隊の合同慰霊祭

那覇市街地から一時間余り。沖縄本島の勝連《かつれん》半島沖に浮かぶ浜比嘉島は、潮の満ち引きと季節によってさまざまな表情を見せる。

人口五三一人。赤瓦の屋根と石垣が続く町並みが残り、離島時代の趣《おもむき》をそのままにとどめる。

琉球開闢《かいびゃく》の祖神が住んでいたと伝わる伝説の島でもある。琉球最古の歌謡集『おもろさうし』などには、女神アマミキヨと男神シネリキヨが日神に命じられて、久高島《くだかじま》に降臨。島々を造り、その後、浜比嘉島に居を構えてこどもをもうけ、これが沖縄の人達の祖先にあたると伝承されている。

島そのものが、自然と一体化した拝所《うがんじゅ》という印象のこの島で、「慰霊の日」の六月二三日に、住民と米軍海兵隊による合同慰霊祭が行われている。

反米軍感情が強いとされる沖縄で、この慰霊祭が報じられることはないが、島内の浜公園には沖縄地上戦で亡くなった島民戦没者の慰霊碑の傍らに、戦後、島の復興に尽力した海兵隊施設部隊の故カーミット・シェリー司令官の慰霊碑が建立されている。聞くと、島民と海兵隊とのつながりは意外と深いのだ。

うるま市勝連浜区の新里義輝区長（六一歳）やシェリー司令官の慰霊碑を管理する盛根良二さん（六二歳）によると、沖縄戦後、荒廃した村の再建に尽力した海兵隊の話が長年にわたって語り継がれているという。

「海兵隊との交流は戦後すぐに始まった。海兵隊員は、毎週土曜日、木材やペンキなどの材料を持って島に来て、家を建てたり学校を修理したりして、日曜日の夕方帰って行った。ドラム缶で風呂を沸かして島民を入れてくれたり、台風で壊れたトイレを修理してくれたりしたこともあったらしい。発電機を設置して家庭と送電線を結び、電気を使えるようにもしてくれた。

住民との交流はみるみるうちに深まっていったと聞いている」

新里区長も、「テレビが出た頃、米軍の発電機を使って、毎週水曜日にはみんな集まって民謡番組などを観た記憶がある」と語る。同勝連浜区のある女性職員は、「小学校二年生の頃、米兵がサンタクロースの格好をして学校に来て、あめやおもちゃをプレゼントしてくれた。それからは毎年心待ちにするようになり、米兵に親しみを感じたのを覚えている」という。

米軍との関係は島の農業にも影響を与えた。

浜比嘉島は昭和二五年に米軍への野菜供給の指定を受け、各農家は軍の規格書に従って指定された作物を生産し、園芸組合を通して米軍に共同出荷していた。

元勝連農協理事の浜門勇さん（八五歳）は、

「米軍は毎週、土壌をチェックして栽培区域を指定してきた。菌が入ったらすぐに生産をストップさせられた。化学肥料を使うなど栽培方法も教えてもらったし、栽培する野菜もトマト、レタス、セロリ、ニンジン、メロンなどと指示され、すべて米軍に納めた」

と当時を振り返り、

「野菜作りがなければ生活ができなかった。米軍のお陰で生活にゆとりができ、こどもを高校や大学に行かせることができた。これがきっかけで農協を強化し、道路も農道として整備した。米軍が農業用の給水所を造ったので農業用水が枯渇することもなく、島全体が活気づいた」

と話す。

島では、シェリー司令官が亡くなった後、感謝の意を示すため、昭和四三年に慰霊碑を建立、毎年、六月二三日の「慰霊の日」に慰霊祭を行っている。

新里区長は、「慰霊の日の前日には、島民と海兵隊員が一緒に清掃を続けている。今でも海兵隊への感謝の気持ちは忘れていないし、島民の間には反米軍感情はない」と話した。

海兵隊が駐留する沖縄で、さまざまな問題を理由に、反米感情が広く蔓延《まんえん》しているように伝えられるが、浜比嘉島の住民のような受けとめ方があるのもまた、事実だ。

復帰運動への軌跡

戦後、沖縄に駐留して二七年間にわたって沖縄を施政権下に置いた米軍。軍政府や民政府の沖縄政策は多岐にわたる。

かぎ括弧つきの善政を展開しながらも、米軍は「太平洋の要石《キーストーン》」として、半ば力ずくで基地や施設を建設していった。元沖縄電力幹部の一人は、

「沖縄県民の多くはアメリカが好きでしたよ。米軍統治時代は、食料品が配給されただけでなく、米軍基地から横流しされたスコッチやブランデーが安く手に入った。だれでも飲めた。だから、一時、泡盛の人気がなくなったぐらいだ。戦前の沖縄からは想像もできないことだった」

と振り返りながら、

「でも、少しずつ食べていけるようになると、不満も出てきた。例えば、米軍基地ではフィリピン人や地元の住民が雇用されていたが、待遇が違った。フィリピン人の場合、タイプを打つ仕事をしていた女性の月給は五〇〇ドルぐらい。それに比べて沖縄住民は七〇ドル程度だった。戦勝国と敗戦国の違いですよ。負けたから仕方がないとはいえ、屈辱的な差別を受けていた。そして軍事基地がどんどん拡大していった」

と、当時の複雑な思いを吐露した。さらに米軍兵士による殺人、婦女暴行などの悪質な事件や事故が多発したことに、県民の間では日本人としての誇りを背景に、本土復帰への思いが募りはじめた。

「確かに基地特需はあった。だが、暴行事件などが多発するなど、米軍はやりたい放題。ところが、事件、事故を起こしても無罪になっていく。全権を委任された高等弁務官の腹一つで判断が変わるという屈辱的な環境にあった。日本は独立しているのに、領土を外国に占領されていること自体が許せなかった。民族の怒りだった。同じ日本人なのに、二七年間もそんな経験をしたのは沖縄県民だけだ」

元保守系議員はこう振り返ると、

「米軍の横暴を許してきた日本政府に対しても怒りがあり、今でも不信感は残っている。だが当時は、とにかく一刻も早く本土、否、祖国復帰が夢だった」

と話す。

教育者が動いた

米軍統治下にあった沖縄で、県民の祖国復帰の気運は徐々に高まり、やがて県民一丸となっての本土復帰運動に取り組むことになる。そして、その先頭に立ったのは教職員達だった。

県教育委員会関係者らによると、教職員達は、昭和二二年に、「（戦争で）荒れ果てた戦禍を取り戻すには教育にしかず」を合い言葉に「沖縄教育連合会」を結成した。二七年四月一日に「沖縄教職員会」と改称され、沖縄群島政府文教部長だった屋良朝苗氏が会長に、指導主事だった喜屋《きや》武《ん》真栄《しんえい》氏が事務局次長に就任した。

元教職員会メンバーはこう言う。

「我々は日本人なのだから日本の教科書を使おうという親睦団体だった。だから、そもそも根底には反米思想があった」

教職員達は、資金を出し合って、本土の学校で使われている教科書を購入するため「文教図書株式会社」を設立、その子会社の「文教商事」を窓口として東京から教材を〝輸入〟した。それほどまでに親本土、親日本だった。

本土復帰前から教員で、沖縄教職員会のメンバーだった八〇代の県立高校の校長経験者の男性は「米軍の抵抗はあったが、教科書も教育内容も本土の教育法にのっとったカリキュラムを組んだ。こども達に日本人としてのアイデンティティを持たせようとした」と振り返り、復帰運動への思いをこう続けた。

「我々にとって日の丸は国旗で、『君が代』は国歌。教職員全員が率先して日の丸を掲揚し、君が代を斉唱したものだ。日の丸のない家庭には教職員会で販売し、掲揚する竿のない家庭には提供した。教職員全員が日の丸と君が代を尊重し、本土復帰、否、祖国復帰を目指した。日本人としての気概を育てようとした」

沖縄教職員会は昭和三五年に、愛唱歌集を作成している。「明るく楽しい歌声とともに、時代を担うこども達がすこやかに育つように」という願いを込めてというのが、作成した理由だった。

そこに掲載された楽曲を見ると、当時の教職員達の本土復帰への切実で熱い思いが伝わってくる。

祖国復帰の歌（作詞：屋嘉宗克／作曲：仲本朝教）

うるまの島の　夜は明けて
平和の鐘は　高鳴りぬ
大和島根の　血を受けし
我ら帰らん　日の本へ

太平洋の　空遠く
はるかにのぞむ　わが祖国
相呼ぶ声は　ひびきたり
かたききずなに　結ばれて

黒汐岩に　砕け散り
鉄火の嵐　たけるとも
雄々しく立ちて　いざ共に
幾多の試練　のりこえん

春風そよぎ　陽は照りて
文化の旗に　色映ゆる
ああ　日本の新世紀
われらたたえん　はらからと

祖国への歌
この空は　祖国に続く

この海は　祖国に続く
母なる祖国　わが日本
きけ一億の　はらからよ
この血の中に日本の歴史が流れてる
日本の心が　生きている

この山も　祖国と同じ
この川も　祖国と同じ
母なる祖国　わが日本
きけ一億の　はらからよ
この血の中で日本の若さがほどばしる
日本の未来が　こだまする

この道は　祖国に通ず
この歌も　祖国にひびく
母なる祖国　わが日本
きけ一億の　はらからよ

この血の中は日本の命でもえている
　復帰の悲願で　もえている

このほか、『蛍の光』や『荒城の月』『母さんの歌』『赤とんぼ』『月の砂漠』『雪の降る町を』『静かな湖畔』『大きな栗の木の下で』『通りゃんせ』『木曽節』などの童謡や民謡なども数多く盛り込まれた。

教職員会の復帰への思いはますます強くなっていった。

沖縄教職員会の思いと基地拡大

昭和二八年一月一〇日、市町村長協議会や青年連合会、婦人連合会、教育後援連合会の四団体（後に体育協会も加入）と「沖縄諸島祖国復帰期成会」を結成する。会長には教職員会の屋良会長が、副会長には小禄《おろく》村長の長嶺秋夫氏が就任した。

この期成会は「復帰運動を超党派的な民族運動として推進していくためには政党を加えない方がよい」として、当初は政党を除く形でスタートした。

後に、琉球民主党や沖縄社会大衆党、琉球人民党の三党や経済団体、新聞社なども参加し再組織されるが、「政党との距離を守り、復帰達成のために独自の路線を保つ」という教職員会の思いは堅持された。

当時の教職員会の思いは、二九年一月七日、アイゼンハワー大統領が一般教書のなかで、沖縄の基地の無期限保持を明言したことへの対応からも推察できる。

大統領発言に、屋良会長は当時のオグデン民政副長官に、「復帰運動は我々は日本人であるという自然な復帰願望、また、反共親米、基地容認、安保容認の姿勢を示したもの」という書簡を送り、復帰を何よりも願う切実な思いを伝えている。

だが、米軍は屋良会長の思いを否定、反対に教職員会に対する圧力を強め、屋良会長は教職員会と復帰期成会の会長職の辞任に追い込まれた。

教職員会が祖国復帰を目指し、教育を通してこども達に日本人としての自覚を促すなか、米軍の基地拡張計画は容赦なく、拡大していった。

民政府は二七年一一月一日、「契約権」を公布し、賃貸借契約による既接収地の継続使用を図ったが、契約期間が二〇年と長期間に及ぶ上、軍用地料が低額だったため、契約に応じた地主はほとんどいなかった。この布令では、琉球政府行政主席と土地所有者との間で賃貸借契約を結び、琉球政府が米国政府に土地を転貸することになっていた。

民政府は二八年四月三日、土地の使用権原を取得するため、「土地収用令」を発布した。米国が土地の使用権原を取得する場合、まず協議によるものとするが、不成功に終わった時は、米国はあらかじめ地主に対し収用の告知をなすものとし、地主は三〇日以内に受諾するか、または拒否しなければならなかった。拒否する場合は、地主はその旨を民政副長官に訴願することができたが、その場合にも、米国は一方的に収用宣告書を発することで、土地の使用権原を強制的に取得することができるとされていた。

既接収地の使用権原や新規接収の根拠となる法令の整備を終えた米国は、宜野湾村《ぎのわん》（現・宜野湾市）伊佐浜や伊江村真謝《まじゃ》、西崎でブルドーザーや武装兵によって強制的に土地の接収を展開していった。

こうしたなか、米国下院軍事委員会特別分科委員会のメルヴィン・プライス委員長が、三一年六月九日、沖縄基地は、①制約なき核基地、②アジア各地の地域的紛争に対処する米極東戦略の拠点、③日本やフィリピンの親米政権が倒れた場合のより所——として極めて重要であると発表した。

いわゆる「プライス勧告」と呼ばれるもので、これまで沖縄の恒常的基地化を目指して展開してきた強制的な土地接収などの軍用地政策を含む米軍支配のあり方を基本的に正しいとするものだった。

プライス勧告の全文が沖縄に届いたのは発表から一一日目の六月二〇日。沖縄では六四市町村のうち五六市町村で市町村民大会が開かれた。

なかでも、二五日に那覇市とコザ市（現・沖縄市）では計一五万人の住民が集結し、激しい抗議活動を展開。これが発端となって島ぐるみの闘争へ、そして全島民あげての復帰運動へと発展していった。

当時、琉球大学の学生で復帰運動に参加していた七〇代の男性は、「当時は右派も左派もなかった。沖縄全体が怒った日の丸闘争だった」と振り返り、初期の復帰運動は、教職員会が代表するように、民族的悲願としての祖国復帰を掲げた散発的、分散的な運動にすぎなかったが、三五年四月二八日、「沖縄県祖国復帰協議会（復帰協）」が結成されると、恒常的に運動が展開されるようになっていったという。

沖縄県祖国復帰協議会の結成

沖縄県祖国復帰協議会は、教職員会や沖縄県官公庁労働組合連合会（官公労）、沖縄県青年団協議会（沖青協）が中心になって準備が進められ、最終的には社大党、社会党、人民党、教育長協会、ＰＴＡ連合など教育、福祉関係の一七団体が参加した。

サンフランシスコ講和条約発効の日である四月二八日に結成大会を開き、「祖国の同胞が、本来日本の一県であり、同一民族である沖縄県民を一日も早く温かい手で取り戻すように、国民的な運動を展開されることを希望する」と、民族感情に訴えた。国連や米国上下院、日本政府、衆参両院に対し、米国の統治が国連憲章に違反することを訴え、一日も早い祖国復帰を要請する決議も採択された。

復帰協はまず、この年の六月一九日に沖縄を訪問したアイゼンハワー大統領に対し祖国復帰を訴えるデモを敢行した。全島の各家庭で日の丸を掲げ、沿道には日の丸を持った住民が幾重にも列をつくり、祖国復帰の意思表示を全国、全世界に発信した。

三六年一〇月の県民大会では、前年の一二月に国連で採択された「植民地諸国、諸人民に対する独立付与に関する宣言」（植民地解放宣言）を沖縄にも適用することを要請した決議を採択。翌三七年二月一日には立法院で、沖縄に対する日本の主権が速やかに完全に回復されるよう尽力することを訴える「二・一決議」が採択された。

三八年からは、日の丸を復帰運動のシンボルとして掲げ、四月二七日に本島最北端の辺戸《へど》岬で「祖国復帰悲願焚き火大会」を、翌二八日には本土と沖縄を分断する北緯二七度線海上で復帰協の代表団と本土代表団が合流する海上交歓会を行った。

前出の校長経験者は、

「とにかく本土に対する強い思いから、復帰を心の底から願っていた。海上での復帰運動にはもちろん参加した。トラックの荷台にいすを並べ、そこに座って日の丸を振って運動したことを、今でも思い出す」

と話した。

一七団体でスタートした復帰協は、三八年頃には五七団体にふくれあがっていた。

許されない歌詞

だが、団体が増えるにしたがって、復帰協の活動内容や方針にある異変が生じていった。

保守系の元県議によると、沖縄で本土復帰運動が一段と強まった三八年頃から、全国的に展開されていた安保闘争の高まりも波及、「沖縄を階級闘争の拠点に」と訴える活動家達が参入しはじめたという。

この頃から復帰協は、「米軍が沖縄基地を原水爆基地化しているために極東の緊張がつくり出されている」として、原水爆基地の撤去を求めだす。

さらに、ベトナム戦争激化に伴い、沖縄が戦場となり、軍事植民地支配を受けているとし、原水爆基地撤去に加え、その運動に軍事基地反対が盛り込まれていった。沖縄を攻撃と補給の基地とすることでベトナム戦争を強化、拡大している米国が、極東の緊張を激化させている。ゆえに、沖縄の祖国復帰と世界平和を勝ち取るためにも、アジアの緊張の根源になっている米軍基地に断固反対し、原水爆基地を直ちに撤去させなければいけない——というのがその理由だった。

教職員会が率先して進めていた復帰優先の運動は、終戦とともにすでに抱え込んでいた安保や米軍基地問題をもう一つの大きな焦点とする運動へと形を変えていった。

前出の元県議は、「それまではオール沖縄の闘争だったが、それ以降は徐々に、革命闘争が沖縄で展開されるようになった」と振り返り、こう解説した。

「当時は、日本全国、至る所で、安保闘争に明け暮れていた。沖縄では安保闘争より、何十倍という勢力で復帰闘争を展開していたが、復帰運動で燃える沖縄が、本土で展開していた革命闘争の影響を強く受けていった。日の丸は太平洋戦争に突入したシンボルだとして、反日闘争が展開されることになると、反体制派の活動家や学者、マスコミが沖縄に押し寄せた。本土でできなかった闘争を沖縄でやろうとしたのだ。彼らが沖縄を『最後の砦《とりで》』と口にしていたのを覚えている。地元での戦いに敗れたが、沖縄なら勝てるとでも思ったのだろう。彼らに対しては、『沖縄を荒らすな』『沖縄なら通用するというのは沖縄に対する差別だ。本土に帰れ』と激しく議論したものだ」

「祖国愛」教育を実践していた教職員会も、その余波で徐々に変化していくことになる。

祖国復帰から基地反対へ

昭和四四年、沖縄返還に向けての佐藤栄作首相とニクソン大統領による日米共同声明が出されると、「米軍基地が残る欺瞞《ぎまん》的返還だ」として闘争はさらにエスカレート、「軍事基地反対」から「軍事基地撤去」と改め、「原水爆基地撤去」に加え、復帰を実現するためには、核基地の自由使用を許している日米安保条約を破棄しなければならない――と、新たに「安保条約破棄」も打ち出された。

教職員会の愛唱歌だった『前進歌』（作詞・作曲：島田春夫）の四番の歌詞「友よ仰げ日の丸の旗／地軸ゆるがせわれらの前進歌／前進前進前進輝く前進だ／足並みがひとりでに自然に揃う／だれも皆心から楽しいからだ」も削除された。教職員会にとって「仰げ日の丸の旗」は〝許されない歌詞〟になってしまっていたのだ。

こうした変化の背景には、沖縄県内の政治情勢の変革もあった。

三三年、あらゆる階層の利益を代表するとして活動を展開していた沖縄社会大衆党が路線対立。内紛を起こした結果、沖縄社会党が結成された。沖縄社会党は当初から、階級政党としての路線を鮮明にしていた。

元教職員会のメンバーで復帰運動を展開していた元高校校長は、

「反安保、非武装という左翼思想を持った教員がどんどん入ってきて、オルグしていった。日の丸は罪悪だとして、あと少しで祖国復帰というメドがついた頃から、日の丸を掲揚しないようにと指示がきた。我々が推し進めていた純粋な復帰運動は、完全に日米両政府に対する階級闘争に変貌《へんぼう》してしまった」

と複雑な表情をみせ、さらに、

「一緒に復帰運動をした仲間に音楽の教員がいた。彼は小さな指揮棒に日の丸を巻いて運動していたのに、復帰後は社会党の党員になり日の丸反対の立場を取るようになった。ものすごいショックを受けたのを今でも忘れない」

と続けた。

変質していく教育

変わっていく復帰協のなかにあって教職員会は、本土復帰前年の四六年九月三〇日、後に日教組に加盟する沖縄県教職員組合（沖教組）へと姿を変えた。教職員会を権力に対する闘いに挑む組織形態に転換するのが狙いだった。

その沖教組は四七年五月の沖縄の本土復帰を経て、四九年、米軍基地の撤去などを求める闘争を全国的に展開するため日教組に正式加盟し、組織的に反米軍基地闘争や反日運動を開始した。同時に、こども達に反日教育を徹底して行うようになった。

沖教組が影響力を強めるとともに、沖縄での教育は「親日本」から加速をつけて変質していった。本土復帰後、指導主事だった元県立高校校長は「こんなに驚いたことはなかった」と前置きすると、沖教組から、授業で歌唱を禁止する楽曲を指示する指導要領が配付された時のことを語った。突然の指示で驚きを隠せない教員達に、沖教組はこう説明したという。

「生徒に『荒城の月』を歌わせてはいけない。なぜ、こんなものを教えるのか、なぜ、花鳥風月を教えなければならないのか」

「シューベルトの『軍隊行進曲』は、軍隊を煽《あお》り、自衛隊を軍隊にする歌だから、生徒達に歌わせてはいけない」

「童謡の『海』の詩にある『行ってみたいなよその国』の部分は侵略を意味するから学ばせてはいけない」

筆者の手元に、「要求事項」と書かれた一枚の手書きの文書がある。右下の欄外に「那覇地区教職員会」と印刷されている。そこには、

「総理府贈呈の復帰祝賀記念メダルは、教育に対する政治的干渉を意味し、学校現場にいちじるしい混乱をまきおこすことが憂慮されるので、教育的配慮から絶対に学校機関を通じて配布しないこと。全県の各学校分会ではこの種の政治的贈呈物は一切拒否し、とりあつかわないことを確認しているので学校行政者として、不要な混乱を招くことは厳重につつしんでもらいたい。委員会の責任でメダルを贈呈者に返上せよ」

と書かれている。

政府は沖縄の復帰を祝して記念メダルを作り、県民に配布することにしていたが、元沖教組関係者によると、教職員会は二〇万個の記念メダルを処分し、こども達に配布しなかったという。

こうした沖教組の教育方針はその後、沖縄のこども達の戦後教育に大きな影響を与えることになる。

復帰協は昭和五二年五月一五日に解散宣言を発表。一方、主導的立場にあった沖教組を中心とするグループは、「自衛隊反対」「安保条約破棄」「基地撤去」「軍国主義復活の阻止」「憲法改正反対」などを掲げて闘争を続け、復帰四〇年を迎える現在に至っている。

もう一つの復帰運動

祖国復帰運動の先導役を果たしていた教職員会が沖教組に姿を変えた一ヶ月後の昭和四六年一〇月三一日、那覇市の与儀公園で、

「今すぐ帰ろう　もう二度とチャンスはない」

「批准阻止では復帰はできない」

「返還協定粉砕は自殺行為である」

「今こそ、心を一つにして祖国へ帰ろう」

等をスローガンにした「沖縄返還協定批准貫徹県民大会」が開かれた。

主催したのは、「子供を守る父母の会」「那覇青年会」などの民間団体で、五〇団体が参加した。「父母の会」の立ち上げメンバーで、県民大会開催の仕掛け人の一人、金城テルさん（八五歳）はこう振り返った。

「当時のマスコミの論調は、まるで沖縄県民全員が返還協定に反対しているような印象を与えていた。でも、それはつくられたものだった。大多数の県民が返還協定の早期批准を強く望んでいることを訴えるために立ち上がったのです」

この年の六月一七日、沖縄返還協定が調印されたが、沖教組を中心とする復帰協は、批准国会に向けて闘争委員会を設置し、「一切の軍事基地撤去」「安保破棄」「自衛隊反対」などをスローガンに、批准反対と返還交渉のやり直しを求めてゼネストを行うなど、批准阻止の方針を

鮮明に打ち出していた。

金城さんらは、街頭で批准の貫徹などをアピール、ビラを配布して県民に奮起を呼びかけた。ポスターも貼った。だが、何度もはがされた。調べてみると、はがしているのは返還協定批准に反対する我が子の担任だった。

金城さんらは、こうした革新勢の闘争を、「いたずらに国会審議を混乱させ、復帰のチャンスを逃す愚かな行為」だとして対決。大会では、

「二六年にわたる異民族支配を終わらせる返還協定が今、国会で審議されています。これに対して、協定やり直しとか、粉砕という記事がマスコミをにぎわしております。やり直しや、粉砕を叫ぶ人達は、つい最近まで、即時復帰を主張していた人達であります」

「返還協定を粉砕したら後に何が残るのでしょうか。結局、復帰否定論としか受け取れないと思います。今国会で仮に返還協定の批准が通らなかった場合、沖縄はどうなるのでしょうか。チャンスは二度と来ないのです。県民の大多数が本当に復帰しなくてもよいと考えているのでしょうか」

「(マスコミが言う返還協定のやり直しや粉砕の声だけが)沖縄の世論を代表するものとして国会審議に反映するとしたらどうなるでしょうか。その責任はだれが負うのでしょうか。今こそ大多数の県民の意志を国会に、また世界に伝えようではありませんか。声なき声を、声ある声にしなければなりません」

と訴えた。

金城さんら批准貫徹県民大会実行委員会の代表団八人は一一月四日に上京、首相官邸を訪ね、県民大会で採択した早期批准を求める決議と請願書を提出し、改めて、「国会での野党の発言やマスコミの報道は決して沖縄の総意ではなく、この反対運動が県民すべての真意と見られるのは心外。県民のほとんどは、異民族支配から一日も早くのがれて早急な復帰を待っている」と、批准を急ぐよう政府や国会関係筋に強調した。

一主婦だった金城さんらをここまで追い立てたのは復帰への一途《いちず》な思いだった。

「あきらめと言えばそうなるが、占領されてしまった沖縄に基地が残ることについて、あまり抵抗はなかった。それよりも、占領された場所が戦わずに返還されることを奇跡に近いと感じた。沖縄は日本だから復帰するのは当然だが、復帰に至るまでは、目に見えない苦難があったはず。それを忘れてはいけないと思った。占領時代のみじめさからのがれられ、日本人に戻れる。行政も一つになって日本人としての生活ができる。二七年ぶりにめぐってきた復帰のチャンスを壊すことが許せなかった」

沖縄返還協定は、二週間後の一一月一七日に衆議院沖縄特別委員会で、二四日には衆議院本会議で強行採決され、翌四七年一月七日に「五月一五日に復帰」と発表された。

元沖縄教職員会のメンバーで、その後、父母の会で復帰運動に携わってきた元教員の仲村俊子さんは、沖縄の祖国復帰までの行程を次のように語った。

「琉球政府のもとで、我々は祖国日本が懐かしかった。せめて日の丸を掲げさせてほしいという運動が始まり、当時勤めていた中学校に日の丸が届いた時は胸が熱くなった」

「その後、教職員会の婦人部大会で『現在の日本に復帰するのではないから復帰は口にするな。安保反対だけを言え』と指示されたことがある。しかし現実に沖縄の復帰をなしとげたのは、沖縄返還協定批准貫徹委員会の運動だった」

「強行採決の後、出勤すると、組合（沖教組）の分会長がテーブルを叩きながら、『おまえ達が陳情に行ったから、沖縄返還が強行採決されたんだ』と怒鳴り散らされた」

四六年一〇月三〇日付『沖縄経済新聞』には、

「米軍基地があることによって戦争の抑止力となっていることは認めなければなるまい。しかし、基地はなくす方向に努力すべきだが、あれだけの基地をそう簡単にアメリカさんは返さないだろう。したがって現実的にはある程度の基地を認め、また沖縄経済の転換をはかりながら、次第次第に基地を除去させていただくより仕方がない。野党側は日本軍国主義の復活だと全力投球でののしっているが、これは日本人として、また人間的としても正しい発想ではない（中略）できもしない軍国主義を宣伝して、沖縄県民を脅かしている。現在、アジアでもっとも危険な軍国主義勢力は日本ではなく軍服で身を固めた中共である（中略）沖縄の返還は現実には基地があっても、これを歓迎しなければなるまい」（大学四年生）

「返還協定批准阻止で来月ゼネストをやるというが、困るのは本土政府ではなくて県民であることに注意してもらいたい（中略）協定反対、復帰反対を叫びながら、早くドルを日本円に切り替えろということです。米施政には反対、復帰にも反対、そしてドルは円に切り替えろではスジは通らない（中略）革新団体のやること、なすことには、どうもガテンがいきません」

（主婦＝四四歳）

　という投稿記事が掲載されているが、こうした声が大きく伝えられたことはなかった。

第二章

葛藤

教育とイデオロギーの戦場

動員

平成二一年九月、米軍普天間飛行場の移設先について、日米合意で決まっていた「辺野古案」を白紙に戻し、「国外、最低でも県外」と公言、鳴り物入りで政権を奪取したものの、わずか八ヶ月後には公約を反故にし、辺野古への移設案に回帰した鳩山政権に対する沖縄県民の不信感は、頂点に達していた。

鳩山由紀夫首相（当時）が移設先を「沖縄県名護市辺野古《へのこ》」と明言した直後の平成二二年五月二五日。名護市役所近くにある市労働福祉センターは異様な熱気に包まれていた。

急遽、沖縄県を訪問した社民党党首の福島瑞穂消費者・少子化担当相（当時）は、集まった五〇人の住民を前に次のように訴えた。

「どんなことがあっても辺野古に基地は造らせない」

質疑応答でまず手を挙げたのは、沖縄県教職員組合に所属する男性だ。

「米軍と自衛隊が飛行場を共有するという案もある。米軍はもちろん反対だが、自衛隊も受け入れられない。我々の親兄弟は日本軍に虐殺されたのだ。それは決して忘れてはいけない」

男性はマイクを握りしめて、まくし立てるように話した。その迫力に会場は一瞬、静まり返ったが、その後、大きな拍手がわき上がった。

「そうだ。我々はいつも被害者だ」

六五年前の沖縄地上戦の悲劇の記憶を反米軍基地運動に重ね合わせる住民の口からは「反日・反米論」が激しく飛び交った。

その一ヶ月前の四月二五日――。

この日の沖縄県地方は前日の曇り空とはうってかわって青空が広がり、強い日差しが照りつけるなか、読谷村《よみたにそん》の運動広場で、普天間飛行場の早期閉鎖・返還と県内移設反対、県外移設を求める県民大会が開かれた。

読谷村は、那覇市から車で一時間ほどのところにある。三五一七ヘクタールの村面積のうち三五・八パーセントにあたる約一二五九ヘクタールが米軍基地に占められている。かつては、直径約二〇〇メートル、高さ二八メートルもある、〝象の檻《おり》〟と呼ばれた巨大なゲージ型アンテナを備えた楚辺《そべ》通信所と海兵隊の補助飛行場があったが、平成一八年に返還。現在は、米陸軍のトリイ通信施設のほか、広大な嘉手納《かでな》弾薬庫地区の一部に組み込まれている。

昭和六二年一〇月、沖縄国体でソフトボール会場になった際、球場に掲揚されていた日章旗が焼き捨てられたのに続き、その報復として鎮魂碑「平和の像」が破壊された地域でもある。

先の県民大会には、主催者発表では九万人余りが参加したとされる。しかしこの数字については、慎重に検討すべき点がある。

　那覇市内にある県立高校のＰＴＡ会長を務めた四〇代の男性はこう証言する。

「那覇市内の県立高校の男性教員が、弁当をおごるからと、二年生と三年生の女子高生を行き先を告げずにドライブに誘い出した。二人は会場に着いて初めて県民大会に連れてこられたことに気づいた。彼女達は県民大会には関心がなかったので、手渡された弁当を食べ、大会が終わるまで木陰で休んでいたらしい。この間、教員は一度も声を掛けてこなかったようだ」

　どのような思想を持つかは個人の自由だ。だが、教員が教え子を闘争の場に連れ出すことは、注意を要するのではないか。

　また、三〇代の県立高校教員は、県民大会の直前、毎朝開かれている職員朝会の後、しきりに勧誘され、参加した教員は名前を報告するよう指示があったという。

　この教員は参加を見送ったが、「言われるままに参加した若い先生も多かった。別の高校では、教員が『取材だ』と称して、写真部の生徒を動員したという話を聞いた。『読谷村までの交通費やガソリン代は組合が支給するから、みんなで大会に参加しよう』という誘いがあったという話は何人にも聞いた」と語った。

　普天間飛行場にほど近い中学校の四〇代の教員も、「普天間飛行場の県内移設反対の署名運動に誘われたことがある。県民大会の前には『是非参加しましょう』という文書が校内で回覧された」という。

教育現場の反日・反米教育

沖縄県では毎年、六月二三日の「慰霊の日」が近づくと、県内の各小中高校で、昭和二〇年の沖縄地上戦を題材に平和教育の特設授業が行われる。

だが、その内容について、元沖教組幹部の一人は次のように語った。

「本来は平和の有り難さをこども達に教えるため、沖縄地上戦のビデオを流すべきだと思うが、戦争の悲惨さというより、日本兵がどれだけ悪かったかというビデオを見せる。沖縄の民が皇民化を強いられたなかで、いかに苦しんで死んでいったかを訴えるものになっているのです。普天間飛行場の問題に対しても、沖縄はまた日本の犠牲になるんだと説明する」

この元幹部は、組合活動に疑問を持ち、活動から身を引いたと語った。

第一線でこども達と接している三〇代の県立高校教員も、

「確かに戦争の悲惨さではなく、日本兵がどれだけ悪かったかというビデオを流すことが多い。私もそういう教育を受けてきた。すべて日本軍が〝悪〟だと。しかも、広島、長崎での原爆投下や東京大空襲など、沖縄戦以外のことは教えない。沖縄が中心で、沖縄だけが本当の戦争被害者だと訴える側面があることは否めない」

と証言する。

大東亜戦争で本土決戦となった沖縄地上戦は、昭和二〇年三月二六日から六月二三日まで展開された。沖縄県平和祈念資料館は終結日を降伏文書に調印した同年九月七日とし、六月二三日以降も戦いは続いたとしている。この地上戦での日本側の死者は一八万八一三六人。このうち沖縄県出身者は一二万二二二八人にのぼり、うち一般住民は九万四〇〇〇人で、軍人・軍属が二万八二二八人。県民の四人に一人が死亡したとされる。米側の死者・行方不明者は一万二五二〇人だった。

沖縄地上戦で戦ったある老人は、

「戦《いくさ》は悲惨だ。戦争が好きな人なんていないよ。だが、我々は沖縄のため、日本のために銃を手に取り、実際に引き金を引いて戦った。なぜ我々が戦ったのか、その真情を知ってほしいし、こども達にも伝えたい。しかし、沖縄は今、この我々の思いを公然と語れる環境にない。四〇年前、念願叶って復帰したが、復帰した後、こうした環境がつくられてしまった」

と涙を浮かべた。

また、ある四〇代の男性は、自身の小中高校時代をこう話した。

「当時、国歌を聞くとゾッとし、国旗を見るとドキッとし、万歳をすると気分が悪くなった。なぜだか分かりますか？『君が代』ダメ、日の丸ダメと言われ続けたので、生理的に拒否反応を示すようになっていた。平和教育という名の下で、『日本軍＝悪い人間』という認識を持つようになっていた。那覇にある沖縄県護国神社にも参ってはいけないと教えられた。それは私だけではないと思う」

本土復帰から八年後、当時、中学生だった四〇代の男性は、

「かつて日本軍は最高の軍隊だったが、『日中戦争以降は最低、最悪、極悪非道の軍隊となった』と教えられた。天皇陛下は本のなかだけの存在で、学校で教えられた記憶はない。家庭で陛下のことを話す機会がなかった知人の多くは左翼活動に転じた」

と語った。この男性は一五年前、当時小学校一年の長男の担任から、「音楽の教科書に『君が代』が載っているが、学校では教えない。悲惨な戦争が日の丸の名の下に引き起こされたからだ」と言われた。男性は「国歌はちゃんと学校で教え、判断はこどもに任せるべきだ」と食い下がったが、相手にされなかったという。

また、小学校三年生の時、復帰したという男性はこう振り返る。

「教科書の後ろに『君が代』が載っていたのに、歌わないから、先生にどうして歌わないのか尋ねたら、先生は『歌わなくていい』の一点張り。『なぜ』としつこく聞いたが、最後には怒り出して『とにかく、この歌は歌ってはいけません』と。あの時の声を荒らげた先生の顔は忘れることができません」

複数の現役教員に話を聞くと、

「入学式や卒業式で国旗は掲揚されるが、準備をするのは校長や教頭、事務長といった管理者で、教員は関与しない」

「国歌斉唱の際には曲は流されるが、起立して歌う教員は少ない」

「生徒と保護者は起立はするが、生徒は『君が代』を習っていないから歌えない」

「学校では、国歌や皇室の話をしようにも口に出せない雰囲気に包まれている」

といった答えが返ってくることが多い。

三〇代後半の中学校教員は卒業式の模様を、「国歌斉唱の時、曲はかけるが、教員は歌わないし、起立もしない。保護者とこどもは起立はするが、歌わない。というより、こども達は教えられていないから、歌えないのです」と話した後、

「私も、『君が代』は『天皇陛下を讃える歌だ』として教えられなかったから歌えない。生徒から教えてほしいと言われることがあるが、『先生も習わなかったから教えられない』と答えるほかなかった」

と続けた。

前出の三〇代の県立高校教員は、

「三、四〇代の教員は、小さい頃から偏向教育を受け、洗脳されているから、教えられたことを受け売りして、こども達に押し付けていることが多い。国家、国旗が大切などと口にすると、激しい批判を受ける」

と語った。

こうした教育方針は、自衛隊にも向けられている。

ある県立高校の元ＰＴＡ会長は、

「七年前、沖縄戦のジオラマ（戦史模型）が展示されている陸上自衛隊那覇駐屯地に生徒を引率し、『平和』について考える時間を持とうと提案した。だが、『自衛隊に行くということは、自衛隊の存在を認めることになる』と一部の保護者から強硬な反対意見があり、実現しなかった」

という。

元ＰＴＡ会長の、こんな話もある。ある小学校で、日よけのついた帽子を導入しようとしたところ、一部の保護者や学校から「日本軍の兵士に見えるから駄目だ」という理由で却下されたというのだ。この元会長自身も、日の丸を掲揚しようとすると、「いつから右翼になったのか」と教員に咎《とが》められた経験があるという。

伝えられていない史実

慰霊の日の六月二三日、沖縄県糸満市役所前から摩文仁《まぶに》の丘にある平和祈念公園まで、平和祈願慰霊大行進が行われる。全国から一〇〇〇人を超える遺族らが集まる。

埼玉県桶川市の臼田智子さん（六九歳）は十数年にわたりこの行進に参加している。臼田さんの父親、伍井芳夫中佐（当時三二歳）は昭和二〇年四月一日、米軍の沖縄侵攻を阻止するため、妻と三人のこどもを埼玉県の自宅に残し、鹿児島県の陸軍特攻基地「知覧」から第二三振武隊長として出撃、沖縄近海で散った。

当時二歳だった臼田さんに父親の記憶は少ないが、平成四年から欠かさず、慰霊の日には沖縄を訪れている。「最近、ようやく沖縄の一部の人達が、父がなぜ戦死したのか分かってくれるようになった」と、沖縄を守るために特攻を敢行した父親の思いを理解してもらうには何年も時間がかかったと言う。

大東亜戦争末期の二〇年三月下旬から多くの陸軍特攻隊員が沖縄に向けて飛び立ち、一〇三六人の命が散った。なかには沖縄県・石垣島出身の伊舎堂用久《いしゃどうようきゅう》中佐（当時二四歳）もいた。三月二六日、沖縄県民として初めて石垣島の白保飛行場から部下三人と出撃し、慶良間《けらま》諸島近海で特攻を敢行し、散華《さんげ》した。

だが今、沖縄県民のどれくらいの人が特攻隊に関心を持っているだろうか？　同県人である伊舎堂中佐の出撃の事実さえ、あまり知られていないのだ。「戦艦大和は沖縄を砲撃するのが目的だった」とか「特攻隊の任務は沖縄を守ることではなかった」と信じている若者も少なくないという話も耳にした。

昭和四七年の本土復帰後、沖教組と沖縄県高等学校障害児学校教職員組合（沖高教組）、さらに地元メディアが中心となって推し進めた「日本軍＝悪」とする教育。前章でも述べたように時代背景を抜きにして語ることはできないが、史実を史実として伝えるために、そろそろその功罪を検証するべきではないだろうか。

「学校では尊ぶべき史実が封印され続け、国のために命を捧げた人々の思いを生徒たちに伝えることはなかった。安保反対を言っていれば日本を守れると教え込まれてきた」

沖教組に所属したことのある元高校教員はこう打ち明けた。

天皇観もまた、歴史認識をめぐる闘争の一つの場となっている。

先に紹介した三〇代の県立高校教員は、

「小中高校時代、自宅では祖父母が天皇陛下の写真を飾っていたが、学校では日本軍は悪だと教えられるだけで、皇室に関する情報は十分ではなく、『天皇陛下は税金の無駄遣いだ』と教えられてきた」

という。

過去の話ばかりではない。現在、那覇市内の県立高校に通う男子生徒は、

「先生から、『君が代』の『君』は天皇のことで、天皇のために死にましょうという歌。『君が代』は戦争を呼び込む歌だと教えられた」

と話した。

ある懇親会の席上で、筆者が本土復帰や沖縄地上戦、普天間飛行場の移設問題、さらに靖國《やすくに》神社の話題に触れた時のことだ。出席していた教職員や地元メディア関係者から、

「アメリカよりましだと思ったから日本に復帰した。中国でもよかった」

「沖縄は常に被害者。大和（日本）がすべての責任をとるのは当たり前」

と糾弾《きゅうだん》され、沖縄の経済復興や米軍基地問題の処遇について意見を求めると、

「我々は被害者なのだから、それは大和が考えることだ」

と、沖縄の現状はもちろん、将来を見据えた具体的な方策を聞くことはできなかった。

小中高校時代を沖縄で過ごし、本土で大学生活を送った人達からは、さまざまな反応が返ってくる。

東京の大学に進学したある音楽の高校教員は、「沖縄では、沖縄地上戦以外にもたくさんの犠牲者がいたことや、日本軍のいい面は教えられなかった。『君が代』も歌えなかった」と前置きした上で、

「東京の大学で知り合った東南アジアからの留学生から、多くのアジアの人達は日本軍に感謝しているということを教えられて、非常に驚いた。アジアの解放です。その時、初めて日本人としての誇りを感じた。とにかく、沖縄で習った歴史とあまりに異なる歴史を習い、自分が学んできたことについて混乱したのは一回や二回ではなかった。今、沖縄で教鞭《きょうべん》を執るようになって、国家や政治について、東京で見聞きし感じたことを話そうとしても、許されない雰囲気がある。例えば、卒業式で、国歌斉唱の時、立ったか立たなかったかは、アンケートをとって沖教組の本部に送っている。だから、心の底では起立したいと思っている組合員でも立てないのです」

と続けた。この教員はまた、

「日本があって沖縄があるはずなのに、授業ではそれを否定するところから始まる。いつか、生徒が、沖縄県民の目線でしか物事を考えられなくなっていくのではないかと思うと怖い」

とも言う。

先の三〇代の県立高校教員は、

「東京の大学に進学して、それまで自分が沖縄で受けてきた教育が、自国に尊厳を感じさせないものだったと感じた。自分が何者かというアイデンティティがかき消されてしまっていたような気がする」

と語った。

沖教組とも交流があるという四〇代の地方公務員の男性は、

「沖縄の人は、沖教組や活動家の言うことを諸手を挙げて受け入れる。そのうちに『可哀想だ』『被害者だ』という言葉に慣れ、知らず知らずのうちに『俺達は被害者なんだ』と信じ込んでしまう」

と語った。

縦横無尽な活動

平成一九年九月二九日、文部科学省の高校歴史教科書検定の際、沖縄地上戦で日本軍が集団自決を強制したという記述が削除されたことに対し、宜野湾《ぎのわん》市の宜野湾海浜公園で、「教科書検定意見撤回を求める県民大会」が開かれた。

主催者側は一一万人が参加したとし、大会の盛会を訴えたが、この大会をめぐって、当時、長男が県内の私立高校に通っていた四〇代の男性は、「うちの息子はこの日、球技大会が予定されていたが、延期された。先生が県民大会に参加するからというのが理由だった」と振り返った。

また、二〇一四年一月一二日、米軍普天間飛行場を抱える宜野湾市で市長選挙が行われたが、沖教組は早々と普天間飛行場の県外、国外移設を主張している前宜野湾市長の伊波《いは》洋一氏の推薦を決め、一貫して同氏への投票を訴え続けた。

ある高校教員は、

「選挙となると、我々の意見を通すには、沖教組出身の先輩か、組合の活動に理解のある候補者を当選させないといけないと言って、学校に集まって電話攻勢をかけさせられた。何件電話を掛けるかノルマを課せられた」

と証言した上で、こう話した。

「民主党政権になってからは少なくなったが、それまでは反保守、反自民の姿勢が濃厚だった。もともと中国、韓国寄りだったが、それがますます強くなったような気がする。中国や韓国は歴史的に反日感情が強く、その分、二つの国は沖縄も味方だと思っている、と信じている沖縄県民も多い。例えば、米軍による事件、事故と、中国や韓国がからんだ場合とは批判の度合いが違う」

沖縄の小中高校、そして沖縄の大学を卒業したという地元紙の若い記者と懇談した時のことだ。この記者は、「中国、北朝鮮は、絶対に沖縄を攻撃したり、侵攻したりはしない。特に中国は沖縄とは親兄弟のような関係だから、平和に付き合うことができるはずだ」と強い口調で話した。当然、米軍基地反対、自衛隊反対の立場だ。


「5・15平和行進　5・16普天間基地包囲行動、見事成功！」

「雨にも負けず、アメリカにも負けず?!」

「戦争につながるすべてのことに反対し、基地の無い平和な沖縄になることと、世界平和を願って東《ひがし》村高江から名護市辺野古海岸まで『ピースサイクリング』を実施しました（中略）こどもたちの参加もあり、私たち大人だけでなくこどもたちと一緒になって平和や基地について考えることのできる良い機会の1つになりました」

沖教組のホームページにはこんなふうに活動実績が掲げられている。

鳩山由紀夫元首相が普天間飛行場の移設先について「最低でも県外」と公言したことで、沖教組は「普天間」を主戦場に据えた。

本土復帰から四〇年、ある県立高校教員は沖教組についてこう語る。

「県民に反保守の意識を植え付けた。米兵の事件は批判するが、中国の潜水艦が領海侵犯しても大きな問題にしない」

　しかし普天間飛行場の移設先候補として名前が挙がった本土の各自治体は即座に「ノー」を突きつけ、基地を暗に沖縄に押し付けた。保守陣営でさえ「差別だ」と批判するように、当事者意識のない本土の姿勢が沖縄の反基地感情の淵源をなし、また、そこにこそ沖教組の活動の起点もあるのだが……。

　沖教組の元関係者は、沖縄の将来をこう危ぶむ。

「沖縄は政治闘争の場所となってきた。それは、沖縄を真に顧みようとしない本土と対をなすかのような、沖教組の反日的な思想の影響を受けた若者が現在の言論リーダーとなっていることによっても拍車がかかっている。沖縄がどこに向かうのかを真剣に考えなければならない。本土も精神的に沖縄に近づいてくれないと何も解決しない」

昭和四二年闘争

　沖教組が刻んできた歴史については、復帰前の昭和四二年にさかのぼって考えなければならない。

　復帰前、沖縄の公立学校の教職員の身分は琉球政府の公務員か教育区公務員だった。琉球政府の公務員は、二八年に制定された琉球政府公務員法によって身分保障され、教育区の公務員については身分保障するため「地方教育区公務員法」と「教育公務員特例法」の二法案の制定作業が進められた。

もともと、この二法案（教公二法）は年金制度や結核、産前産後の休暇など教職員の身分を保障するものだったが、勤務評定や政治行為の制限、争議行為の禁止なども盛り込まれていたため、教職員会を中心とする革新団体は反対していた。

この頃、沖縄では三五年四月二八日に結成された沖縄県祖国復帰協議会を中心に激しい復帰運動が展開されていたが、先述したとおり、三八年頃からは、「沖縄を階級闘争の拠点に」と訴える活動家の参入によって、復帰協の性格も徐々に変貌《へんぼう》。運動内容は当初の教職員会の思惑とは少しずつ離れていった。そうした環境にあって、教職員会に所属する教職員のなかにも革新系の活動家の影響を受けて徐々に先鋭化する者があらわれ、そうした教職員に促されるように、教公二法反対闘争へと進んでいった。

このように先鋭化していく運動と正面から向きあいながら、復帰運動の具体的な一翼を担ったのが、前出の「子供を守る父母の会」だった。同会を立ち上げた金城テルさんは、八五歳と高齢ながら、当時の模様を鮮明に覚えている。

「当時、こどもが四人、学校に通っていたのですが、教公二法阻止のため、先生方がストライキをやるわけですね。毎日一時限目から自習をさせられる。これはけしからんと思って、校長に掛け合おうと思って小学校へ行ったのですね。校長室で『なぜ、こども達を犠牲にして自習をさせるのですか』と聞こうとしたら、若い先生が五、六人入ってきて、『校長はあっちへ行け』『校長が来るところではない』と追い出したのです。顔を真っ赤にして外に出る校長の姿を見て、びっくりしてしまって。そんなこと、想像もしませんでしたから」

金城さんの抗議に教員達は、「教公二法が立法化されると、自分達が困る。だからストライキをして反対している」と繰り返すだけだった。

教員はその後も毎日ストライキを続けたため、金城さんは一人で小学校の校門に立ち、ハンドマイクで「先生方、ストライキをやめなさい」「こども達の授業をちゃんとやりなさい」と抗議活動を始めた。

「ＰＴＡの人達は家では保守でも、先生達に反抗したら怖いから何もしない。反対しているのは私一人だったけれど、絶対に曲げられないと思って、喧嘩をしていましたよ」

数日後、教職員会の婦人部から呼び出される。教職員会の事務所を訪ねると、タバコの煙が漂う部屋に六人の女性がおり、そのなかの一人から、「あんた一人賛成したってしようがないでしょ。自分達と一緒に反対に回りなさい」と説得された。金城さんは断り続け、その場はそれで収まったが、数日後、また呼び出しの連絡があり、自宅で会うことにした。話題は憲法問題から教育勅語にまで及んだという。

「相手方が、教育勅語の『一旦緩急アレハ義勇公ニ奉シ』を持ち出して、『あんたはそういうことも許すのか』と言うのです。だから、『先生、国が一旦緩急ある時に、役に立たない国民を教育してどうするのですか』と言ったのです。でも、分かってもらえないのです。それ以上は、会話にならないのです」

金城さんと教員の間のエピソードは、枚挙にいとまがない。

「家庭訪問の時でしたが、先生が教育方針を聞きたいと言うのですね。こどもが八人おりましたので、『八人の個性をどう伸ばしていくか。これが大きな家庭教育です』と答えたら、『私達と同じだ。父兄と学校の先生の教育方針が違っていたらこどもたちは迷う』と言うのです。ところがその後、『じゃあ、私達のストライキを認めてください』と言って、先生が親にストライキを認めろと交渉を始めるのです」

金城さんがストライキの目的を聞くと「給料の値上げなどを要求するため」だという。「自分達の要求を通したいのなら、土曜、日曜を使えばいい。どうしてこども達を犠牲にするのか」と尋ねると、「補充（授業）します」と。

結局、「先生、今日は今日、明日は明日。今日やらなかった授業を明日やる。こんな理屈は通りません。絶対に許しません」と言って、追い返したという。

教員と政治

四二年二月一日、ある事件が起きる。

この日から教公二法を審議する立法院定例会が始まったが、教職員らが立法院前に泊まり込んで抵抗。このため、空転が続いた。

採決予定日の二月二四日には午前三時頃から、教職員ら二万人を超える反対派グループが立法院を包囲、警察官と激突した。教職員会は全教職員を年休扱いにして総動員をかけたため、沖縄本島の全小中高校は休みになった。

警察側は、いったんは、集まった教職員らをおさえて与党議員団や議長を立法院内に入れることができたものの、反対派グループは逆に警官をごぼう抜きにして警戒線を突破。立法院はデモ隊に占拠され、無警察状態に陥った。立法院議長は午前一一時、本会議の中止を決定したが、デモ隊は引き下がらず、午後六時に与野党が協定を結ぶことで事態は収拾した。

当時の『琉球新報』は、

「警官隊約九〇〇人が立法院前に集結。表玄関と裏口に座り込む阻止団を実力で排除するごぼう抜きが開始された。午前九時二五分、約三〇〇〇人の誓願隊が院内に入ろうと殺到、玄関を固めた警官隊を逆にごぼう抜きにしていった」

「誓願隊と警官隊の激突で約一〇〇人の負傷者が出た」

と混乱ぶりを伝え、教公二法案については、

「『現在の案は五月三一日まで棚上げ』『六月から与野党が調整して新たな案の作成に努力』『調整案ができない場合は現在の案を廃案にする』旨の協定書を与野党が取り交わし、実質的に廃案とすることで決着した」

と報じている。

デモ隊と対峙した保守系の地方議員経験者は、闘争の激しさをこう回想した。

「当時、大学三年か四年だった。教公二法案を成立させようと立法院に泊まり込んで闘った。いつ攻撃されるか分からないから、ヌンチャクを肌身離さず持っていた。結局、立法院も警察隊もデモ隊にやられてしまったが、その後も、廃案にするから署名しろとデモ隊に日本刀を突きつけられた者もいた。命がけだった」

この騒乱は琉球警察にも大きな打撃を与えた。事件後、退職する警察官が続出したのだ。

前出の元地方議員は、

「デモ隊に負けたという敗北感もあったが、闘争の最中に、立法院を警護しているのを恩師に見つかって、『おまえ、何をしている。警官を辞めろ』と怒鳴られて辞めた者も結構いた」

という。

教公二法闘争は、米国占領下の沖縄で、立法が実力行使によって阻止された憲政史上前代未聞の闘争となった。そして、沖縄における教職員とその政治力の強さを明らかにした。

当時の民政府のアンガー高等弁務官は、教公二法阻止闘争の際、沖縄人同士の対立という理由で、琉球政府から依頼のあった米軍の直接介入を断っている。

琉球列島米国民政府文書によると、アンガー高等弁務官は、

「教公二法案を可決することは沖縄における民主主義がかかっている。民主主義や多数決のルールに従うのか、それとも暴徒のルールに従うかです。教師の政治活動やこどもへの影響の問

題も重要なことですが、より深刻なのは、果たしてこの島で民主主義が生き残れるかということです」

と語っている。

第三章 決断

基地をめぐる「世論」の行方

名護市、苦渋の選択

沖縄は首長選で日本の安全保障の根幹を揺るがし、その都度、ギリギリのところで妥協点を探る、という歴史を繰り返してきた。

沖縄県北部の中心都市・名護市は人口約六万人。

平成八年一二月、沖縄日米特別行動委員会（SACO）が普天間《ふてんま》飛行場の移設先を沖縄本島東海岸沖に海上施設を建設するという最終報告を出し、翌九年一一月五日には、政府が沖縄県と名護市辺野古《へのこ》のキャンプ・シュワブ沖に海上ヘリポートを建設するという案を提示した。以来、一五年間、名護市は、住民投票と四回の「国策市長選挙」で容認派と反対派とに分かれ、肉親ですら激しい対立を強いられるなど、市民を二分するほどの緊迫した状態が続いている。

普天間飛行場の移設先に辺野古が指名された際、名護市の比嘉鉄也市長（当時）や市議会は反対の立場を堅持していた。だが、政府から過疎化が進む北部地域への経済振興策が提起されるにしたがい、徐々に基地の受け入れに傾いていった。

当時から受け入れを推進している名護市商工会会長で沖縄県商工会連合会会長の荻堂盛秀氏

は、普天間飛行場の代替施設問題一〇年史をまとめた『決断』のなかで、「同じ沖縄県民として等しく安全を確保するために、受け入れはやむなし」という見方と「千載一遇（中略）これをきっかけにして、北部を振興するんだという見方」があったとし、

「北部は経済振興が遅れていますし、その対応策は当然、必要だと思っていましたが、まずは、あまりにも危険すぎる普天間飛行場を少しでも安全が確保できる場所へ……という思いが先立ちました」

「地域の経済振興・経済発展というと、どうしても『金と引き替え』に置き換えられてしまう可能性があります。これはやむを得ないと思っています。しかし、だからと言って、それを目当てにして、私たちが受け入れ表明したのが原点ではありません」

と、複雑な胸中を打ち明けている。また、

「名護市商工会をあずかる者として、各種団体の先頭に立って、受け入れ表明をしました。ところが、新聞に大きく報道されると、わが家への無言電話が殺到しました。家の者は、夜もうかうか眠れず、すっかり神経質になってしまいました。国サイドからの、いわゆる迷惑事業に関わってくると、『ここまで人間を追い詰めるものなのか』『それなりの覚悟をしてやっていかなければいかんな』と、腕組みをさせられたものです」

と嫌がらせを受けたことも綴っている。

住民同士を反目させる住民投票

一方、受け入れ反対派は平成九年六月六日、「ヘリポート基地建設の是非を問う名護市民投票推進協議会」（推進協）を結成、住民の意見を聞こうと、反対派による住民投票への動きが活発化していく。

『決断』によると、比嘉氏は、

「大田（昌秀）知事の言動が優柔不断になってきました。『ヘリ基地問題については、一義的には国と名護市の問題である』と言い続けて、県は国と市の仲介役でありながら、ほとんど形式的であり、逃げていくような格好に私には見えました。そういうことでは、沖縄県民が長年叫び続けてきた米軍基地の返還とか、整理・統合・縮小という問題の展望は、全然、開けないわけですね」

と、この頃の大田県政の対応を批判し、次のように心境を述べている。

「だから、私は住民投票でも何でもいいから、名護市ができる範囲内のことは早く終わってしまった方が、基地問題を前進させる上で一番いいと思いました。私は元来、住民投票はやるべきじゃないと思います。内地での住民投票の模様を見ると、本当に地域住民の声が素直に表明されるのか疑問だったからです。全面的に反対する人が日本各地から集まって、地元住民以上に騒ぎ立てるわけだから、どういう結果になるのか心配するのは当然でしょう」

比嘉氏はこう不安をのぞかせながらも、「住民投票の結果は判断材料にしかならず、行政的には拘束力を持たないことも調べて分かっていました。そうならば……と、実施に踏み切ったのです」

と続けている。

平成九年一〇月二日の名護市議会九月定例会で住民投票条例案が可決、六日、「名護市における米軍のヘリポート基地建設の是非を問う市民投票に関する条例」が公布・施行されたが、市議会の審議で最後までもめたのが設問方法だった。結局、設問は「賛成」「環境対策や経済効果が期待できるので賛成」「反対」「環境対策や経済効果が期待できないので反対」の四者択一となった。

住民投票は、政府が、沖縄県と名護市などに移設候補地がキャンプ・シュワブ沖と通知した翌月の一二月二一日に行われた。

比嘉氏の不安は的中した。結果は反対が一万六六三九票で有効票の五二・八五パーセントを占め、賛成の一万四二六七票を上回った。投票率は八二・四五パーセントで、不在者投票も七六〇〇人を超えた。

当時、企画部長だった末松文信前名護副市長は『決断』のなかで、

「あのようなケンカになるとは予想してなかったですね。反対派は、全国から活動家が集まって来て、あちらこちらで『命どぅ宝』や『戦争につながる』と辻説法をしました。そうしますと、戦争を体験した方々や、お母さんたち女性は、戦争反対と言わざるを得ない。それが、全

体の雰囲気でした。あの投票前の状況は、ちょっと想像がつかなかったですね」

と、比嘉氏が不安視していたように、反対派が全国から集結し、住民達に強く働きかけたことを証言している。

また、ある保守系地方議員は、

「だいたい、設問がおかしい。基地は必要ですか、そうではないですか、だけ。市民に判断を求める前に、日本の防衛政策をどうするかという議論をするのが筋でしょう。それをしないで、基地は好きか嫌いかというのは、泥棒はいいか、悪いかと同じ発想だ。住民投票は間違いなく、地元住民同士を反目させる。住民投票は怖い」

と住民投票自体に疑問を投げかけ、さらに続けた。

「日教組や沖教組の教員が、一軒一軒回って、オバア達に『アメリカ人は、日本人の女性の年齢を分からないから、あなた達、乱暴されるんだよ。そんな海兵隊が来るんだよ』と触れて回った。そんな話を聞いたら、オバア達はびっくりして『大変だ』と。与那国《よなぐに》の自衛隊配備についても、賛成か反対かを問うと、全国から活動家が集まってきて、『自衛隊は殺人集団で、中国や台湾と戦争をしに来るんだ。彼らが来ると戦争になる』と、こんなレベルでオルグしていく。名護の住民投票もそれで負けた」

と続けた。

この元議員は、知人の保守系市議の経験だとして、こんな話をした。保守系市議が街頭で、辺野古への移設受け入れを容認するよう訴えていたところ、こども達に石を投げつけられた。追いかけてつかまえてみると、市内の小学二年生と三年生で、そのなかに、同僚の保守系議員の娘も交じっていた。なぜこんなことをしたのかと問い詰めると、こども達は「先生にやれと言われた。いやだと言ったら叩かれた」と話したという。

この元議員は「この時の住民投票だけでなく、学校の教員達は今も、こども達を使って反米軍基地、反自衛隊運動を展開している」と声を震わせた。住民投票は肉親ですら対立を強いるほどで、二分した市民のなかには、常軌を逸する運動を展開する者も少なくなかった。

比嘉市長の決断

住民投票の結果が出ると、大田知事と比嘉市長の判断に焦点は移った。市民投票の結果を重視し、移設受け入れ反対を表明するよう執拗《しつよう》に反対派から要請された比嘉氏は大田知事に再三再四、相談のための面会を申し入れたが、県首脳の判断で拒否されたという。大田知事と協議をしたくてもその場がなく、決断の重圧は比嘉氏の肩に重くのしかかっていった。

末松氏や当時、名護市活性化促進市民の会の副会長だった仲泊弘次氏らによると、住民投票から三日後の一二月二四日、比嘉氏から、自宅に来るようにと連絡があった。声がかかったのは、末松氏と岸本建男助役（当時）、島袋利治収入役（同）、それに仲泊氏の四人。

四人が集まると、比嘉氏は「自分がしゃべり終わるまで、一言もしゃべらないでくれ」と前

置きして、

「上京する大田知事と橋本（龍太郎）総理に会いに、いまから東京へ行く」

「大田知事に会って、『知事が受け入れに対して、賛成だろうと反対だろうと、どちらの考えでもかまわない。受け入れの責任は、自分が一切もってかまわないから。その際、表明の席上に、ただ隣に腰掛けてくれていればいい。泥は地元・名護市長がかぶるから』という話をしたい」

と一気に思いを告げた。比嘉氏はそう言うと、「身を捨てて浮かぶ瀬もあれ早瀬かな」とつぶやいたという。大田知事上京の予定は県から情報を得ていた。面会拒否を続ける大田知事を首相官邸で捕まえ、橋本総理と面会の際、自分の決断を伝える腹づもりだった。

前出の『決断』によれば、話がすむと、大きな黒い盆に、泡盛が注がれた杯が五つ出された。五人は杯をかざすと、比嘉氏は
「受け入れを表明したら、再び沖縄に足を踏み入れることができるかどうか分からない。固めと別れの杯」

と言い、一気に飲み干した。

比嘉氏らは話し終えると、比嘉氏の名護の自宅を取り囲むマスコミ関係者の目をごまかすため、車庫に止めてあったワンボックスカーに乗り込み、風呂敷のようなものを頭から被り、裏口から那覇空港に向かったという。

次の世代へ

比嘉氏は当時の思いをこう語っている。

「大田知事に会って、『あなたは、（ヘリポート基地の受け入れについては県ではなく）名護市がやるべきだと言っているけれども、では、名護市が考えをまとめたらどうしますか。私、決断しますから』と言いたかった。大田知事との面会を、ずっと求めていたのです。ところが『会えない』の一点張りで、（中略）じゃあ、東京へ追いかけていこうと思ったのです」

首相官邸では大田氏も隣の部屋に控えていたが、結局、面会を拒否され、「ヘリポート問題については、私が一義的に結論を出します」という比嘉氏の伝言に、大田氏は「いろいろと、県庁や、支持政党などと話し合いをやらないといけない」と伝言を残して官邸を去ったという。

後に残された比嘉氏は、橋本総理に受け入れを伝えた。

比嘉氏によると、同氏は沖縄本島北部が昔からいかに貧しく、苦労を強いられてきたかを話し、経済振興を陳情。それが終わると、橋本総理からペンと紙を借り、辞世の句の代わりに、

義理んすむからん
ありん捨らららん
思案てる橋の

渡りぐりしや

という琉歌を書き、総理に手渡したという。橋本総理に意味を問われた比嘉氏は、

「住民投票のこともあるし、ヤンバルがまだまだ遅れていることもあるし、振興策の話もあるし、やはり人間は迷うわけで『ありん捨ららん』……。『義理』もあるわけですよ。大学もつくらなければならんし。『思案橋』というのは、あの世とこの世の分かれ道です。『自分はそういう思案橋に差し掛かったんだが、どうすればよいのかなぁ。やはり、渡るしかない』」

と思いを説明したという。

二五日に名護に戻った比嘉氏は辞意を表明し、名護市民会館で市民に声明文を読み上げた。そこには名護市の未来図が描かれていた。

「二五年前の本土復帰以来、私たち沖縄県民は、米軍基地と隣り合わせに暮らさなければならない現実に囲まれ、基地の縮小を願いつつ懸命に生きてきました。（中略）投票を巡り市民の意見は二分され、一部で人間関係に亀裂が入るまでに至りました。もともと国の所掌する安全保障案件について、何故に名護の市民がそのような踏み絵を踏まされるのか、私たち市民にはやりきれない思いが今なお残っています」

「沖縄に存在する米軍基地の大幅な縮小は県民全体の悲願であります。今回のヘリポート建設は、宜野湾《ぎのわん》市の住宅街の中に存在する巨大な普天間飛行場の撤去が出発点でした。しかしその

飛行場を撤去させるために沖縄の他の場所が犠牲にならなければならないという状況に追いやられております。過重な負担に喘《あえ》ぐ沖縄にとって、最善の策が普天間飛行場の県外移設にあることは明らかであります。しかし、現実に沖縄の基地が一朝一夕に県外に去って無くなるわけではありません。県外移設の要求を続ける課程《ママ》においても、より小さな負担を名護市が受け入れることで普天間飛行場の危険が解消され、基地の整理縮小につながる道であるとするならば、批判があっても敢えてその道を選ぼうと苦悩の末決心しました」

「(地元の) 辺野古地区の行政委員会がヘリポートの受け入れについて条件付き賛成の意向を確認している事実は無視できません」

比嘉氏は米軍基地問題についてこう私見を述べた後、「北部地域は、県土の六割を占めながら人口は僅か一割に満たず、今も過疎化が進んでいる。北部は中南部に比べ発展が遅れ、政府と県の振興開発策も中南部に偏っています」と過疎化が進む現状を訴え、北部振興にかける思いを語っている。

「私達の世代さえ我慢すれば、名護の市街地は再開発によって様相を一変し、新たに建設される名護港からは大型の船舶が発着し、街は賑わいと活気に溢れているでしょう。その時には、水と緑に育《はぐく》まれたやんばるは、経済的にも豊かな生活の場所として、名護市は国際的な研究交流の拠点となり、辺野古地区には百名の教職員を擁した国立工業高等専門学校が設置され、何千人という有為の若者が世に送り出され、また、名護市は、才能のある若い人達が集まり、情報通信産業を始めとする新しい産業が根付き活力ある街となっていることでしょう」

「政府は、北部振興策も約束しています。今度こそ、三府龍脈の碑の意味する中南部と北部という沖縄本島における二極構造となり、均衡のとれた発展をとげていくでしょう。名護市は、親子三代が仲良く暮らしていける潤いのある街となるものと確信しています。私のこれからの責務は、政府に対し、ヘリポートの安全性を確保し、騒音を最低限度に抑え、環境への最大限の配慮を示させること、そして名護市と北部地域振興の約束を守らせることです。昨日、橋本龍太郎内閣総理大臣との会談の中で、総理大臣は政府として最大限の努力をすることを約束し、又、振興策について閣議決定することを約束されました」

比嘉氏は最後に、

「名護市の最高責任者として、今回の市民投票に至る経過の中で、市民を賛成・反対に二分し、苦渋の選択をさせた責任を痛感し市長職を辞することを決意いたしました」

と述べ、市長の座を去った。

揺れ動く名護の政治

比嘉氏は、北部地域が貧困だったと繰り返しているが、貧困の程度はどれほどだったのか。

比嘉氏は『週刊朝日』一九九八年一月二七日号「ヤマトンチュは苦悩の選択を分かっていない」のなかで、インタビューにこう訴えている。

「みんな、腹が減らないように縄で腹部をくくって働いた」

「親戚が盲腸になったらどうしたと思いますか。親戚が集まって相談してもカネがない。病院代を借りにみんなで貸手を探したものです」

「最後は両親が泣く泣く説得して、長女は那覇の花街に、長男は糸満の漁師の網元に売られた。『せめて下男下女を置くような金持ちの家があればいい。そしたら家族がバラバラにならんで暮らせる』と思ったものです。教育だけはと、無理して学校に行かせても、職がないから戻ってこない。この苦しみは、ヤマトンチュには分かりません」

「それなのに、大田県政は北部に冷たい。投資もしないし、北部に新設が決まっていた施設や行事まで南に持って行く。せめて親子三代、一緒に暮らせるようにしたいじゃないか」

そして最後に、

「この一年の苦しみはとても人に言えるようなものじゃなかったが、春には春の、夏には夏の役割がある。冬には一年を総括し、また春がくる」

と締めくくっている。

こうして比嘉氏と名護市民の、文字通り苦渋の選択の結果、ヘリポート受け入れが決まり、比嘉氏の辞任を受けて一〇年二月八日に行われた市長選では、投票日の二日前に大田知事が受け入れ拒否を表明したにもかかわらず、比嘉氏の意志を継いだ助役の岸本氏が当選した。

その後の経緯は以下の通り。

・一〇年一一月一五日の知事選で県内移設を容認する稲嶺恵一氏が当選。
・一四年二月三日、名護市長選で岸本氏が再選。
・同年七月二九日、政府、県、名護市が辺野古のキャンプ・シュワブ沖を移設先とする基本計画で合意。
・同年一一月一七日、知事選で稲嶺氏が再選。
・一七年一〇月二九日、移設先を辺野古沖からキャンプ・シュワブ沿岸部に変更することで合意。

一七年一〇月三一日には、稲嶺知事が移設拒否を表明したものの、一八年一月二二日の名護市長選で移設協議に柔軟な島袋吉和氏が当選し、五月一日に日米間がキャンプ・シュワブへの移設を含む米軍再編ロードマップで合意。さらに、一一月一九日の知事選で条件付き移設容認派の仲井眞《なかいま》弘多《ひろかず》氏が当選するなど、「振興策重視」の保守派がかろうじて県内での勢力を維持し、政府との共存関係を築き上げ、それまで紆余曲折はあったものの、普天間飛行場の移設問題と米軍基地の縮小計画は順調に進むかに見えた。

そうした苦渋の選択をした名護市民の目に、鳩山由紀夫元首相が率いた民主党政権のあまりにも杜撰《ずさん》な対応は、どのように映っただろうか。

「国外、最低でも県外」を標榜《ひょうぼう》、沖縄県民の歓心を買った鳩山政権は、わずか発足から二ヶ月足らずで座礁。さらに鳩山首相は「（二〇一〇年一月二四日に予定されている）名護市長選の結果を見て、それに従って方向性を見定めていく」と語り、安全保障を自治体選挙に委ねてしまった。基地問題を争点化したことで、再び、本来は政府の専管事項である安全保障問題が、自治体の首長選に押し付けられたのだ。

鳩山発言を追い風に、反対派の稲嶺進氏が当選、名護市は一転して反対派となった。名護市民の心のなかにも当然「基地アレルギー」はある。それでも心理的にも物理的にも基地受け入れ態勢を築き上げてきた。それが、民主党政権の稚拙と言っていい動きと、市長選で反対派の稲嶺現市政が誕生したことで、住民のこれまでの決断が一五年前に戻ってしまったのだ。

辺野古の六〇代の自営業者は、

「辺野古への移設を認めることで、手厚い経済援助を受けてきたことを忘れている。今、必要なのは不況をどう打開するかだ。基地反対だけを言っていてもだめだ」

という。

民主党政権は、こうした名護市民の苦渋の選択をなんら検証することなく、安易に「国外、県外移設」を唱え、沖縄を頭越しに移設問題を白紙に戻してしまったばかりか、条件付きとはいえ、最優先されるべき普天間飛行場の危険性除去のために手を挙げた名護市民の思いをもてあそんだと言わざるをえない。

異様な県民大会

平成二二年四月二五日——。

第二章冒頭でも触れた、読谷村《よみたんそん》で開かれた普天間飛行場の県内移設反対と県外移設を求める県民大会は、開催日直前まで、出欠の態度を明確にしなかった仲井眞弘多知事が参加したことで、主催者側は「これで県民の心が一つになった」とし、盛り上がりを見せた。

普天間飛行場は、平成八年、日米両政府間で全面返還が合意。翌九年、名護市辺野古の在日米軍海兵隊基地の「キャンプ・シュワブ」地域が移設先の候補地とされると、当初、移設に反対していた名護市の比嘉鉄也市長（当時）や名護市議会は、北部地域振興策を条件に受け入れを表明。その後、紆余曲折の末、キャンプ・シュワブ沿岸部へと決まり、二六年までに移設を完了させることで作業が進んでいた。

ところが、先述のとおり当時の鳩山民主党政権が、同案を白紙に戻そうとした。移設反対派がこの県民大会を、改めて県内移設反対のメッセージを県民の総意として全国に発信する大きなきっかけになると考えていたであろうことは想像に難くない。

会場には、反対派諸派の旗がびっしりと立っていた。熱気に包まれ、開会の辞が終わった直後、地元紙二紙が、号外を配布した。そこには「県外、国外移設で県民の民意が一つになった」とあった。しかし、この時はまだ決議文は採択されておらず、仲井眞知事の挨拶すら始まっていなかった。

号外の配布に、大きな歓声が上がった。改めて会場を見渡してみると、普天間飛行場の移設先の候補に挙がり、当事者であるはずの名護市辺野古地区の住民の姿が見えない。県内移設に反対とされた名護市議会（定数二七）からも、数えてみると一五人前後が欠席している。

これも前述の通りだが、主催者側は、参加者数を九万人余りと宣言した。県民の六パーセントにもなる。だが、その日の夜、警察や情報関係者の間では「実際の参加者数は多くても主催者側発表の三分の一の三万人前後」という情報が飛び交った。なかには「せいぜい二万人」という数字を出した機関もあった。どの機関も、一般市民の実数は正確には掌握できなかったという点では一致していた。

翌日の各紙朝刊。地元紙二紙ばかりか全国紙も大きく紙面を割いた。いずれにも「沖縄県民の民意、県外・国外移設で一致」という見出しが躍った。

同じような光景は、その前年の一一月八日に普天間飛行場を抱える宜野湾市で開催された辺野古への移設に反対する県民大会でも見られた。主催者は二万一〇〇〇人と発表したが、各情報機関の調査によると、せいぜい一万人。しかも、県外の市民グループや活動家グループが多く、一般県民の実数は五〇〇〇人前後だったとされる。だがこの時も、各メディアは「沖縄県民の総意は県内移設反対」と報じた。

県民の総意としてこうした状況が構築されてしまうと、たとえ県内移設に賛成をしていても「容認」とは口に出せなくなってしまう。受け入れ容認の声は、徐々に封印されてしまった。

市民だけではない。地方議員も、容認発言をしにくい状況だ。地元メディアにたたかれれば、選挙戦で不利になる。これでは反対派に回るのが自然だ。

普天間飛行場の辺野古移設について、一四〇万沖縄県民全員が反対という世論は、本当なのか。

辺野古住民の本音

鳩山由紀夫元首相の「国外、少なくとも県外」発言により、突然、普天間問題は国民の関心事となり、「名護市辺野古」という地名は全国に知れ渡った。

そして、鳩山発言に勢いを得た辺野古への移設反対派は反対運動を展開、それと軌を一にするように新聞やテレビは、沖縄県民のほぼ全員が日米共同声明で合意していた名護市辺野古への移設に反対しており、それは一四〇万県民全員の総意だと伝え、反米軍基地運動が激化していった。

この反米軍基地運動は先の県民大会につながるのだが、どのメディアに目を通しても、紹介される県民のコメントの主は反対運動を展開している人ばかりだ。一体、当事者である辺野古の住民はどう感じているのか。

辺野古は沖縄本島北部の東海岸沿いに位置する。那覇市内から沖縄自動車道で一時間余り。宜野座インターで下り、山間部を抜けていく。インターを出ると程なくして不釣り合いなほど立派なドームが目に飛び込んでくる。阪神タイガースが毎春、キャンプで使っているスポーツ施設で、建設の財源は、米軍基地関連収入から捻出《ねんしゅつ》したという。

国道329号を下り山間を抜けると突然、視界が広がり、小高い丘に国道をまたぐ空中回廊を備えた立派な建物が見えてくる。国立沖縄工業高等専門学校で、空中回廊で校舎と宿舎がつながっている。さらに車を進めていくと、赤瓦の辺野古交流プラザが連なる。いずれも、普天間飛行場の移設に伴う経済振興策の成果だ。

国道から右に折れ、辺野古地区に入る。すぐに「WELCOME APPLETOWN」と書かれた看板に目が留まる。

辺野古は、国頭《くにがみ》村や宜野座《ぎのざ》村にまたがる在日米軍海兵隊基地「キャンプ・シュワブ」を抱える。キャンプ・シュワブは総面積約二〇・六三平方キロで、ほとんどを名護市が占めている。キャンプ・シュワブという名前は、一九四五年五月七日に二四歳で沖縄戦で戦死し、名誉勲章を受章したアルバート・アーネスト・シュワブ一等兵の名前にちなんで命名されたという。

辺野古の街を過ぎ、浜辺におりると、キャンプ・シュワブと接する海岸にテントが張られ、普天間飛行場の移設に反対する人々がたむろしている。話を聞くと、全員が「移設反対」と表情をかたくした。

浜辺には有刺鉄線が張られ（この有刺鉄線はその後、米軍の手で撤去された）、その向こう側が海兵隊の訓練基地だ。有刺鉄線には、「普天間飛行場移設反対」を訴える紙や布が幾重にも巻かれている。注意してみると、他府県の組合団体などの名前が多い。

住民たちの反対の意志を実感しながら辺野古の街に向かう。普天間飛行場が実際に移設されると、当事者として騒音などさまざまな問題と対峙することになる住民の声を直接聴こうと思ったからだ。

辺野古とキャンプ・シュワブ

辺野古の街は車だと一五分ほどで一周できる広さだ。スナックやクラブなどの看板が目につくが、ほとんど人気《ひとけ》がない。街全体がさびれている印象だ。飲食店が入っているらしきビルも英語で書かれた店のロゴが消えかかり、外壁が崩れ落ちている。

目についた飲食店に入る。六〇代の店主の男性に、「普天間飛行場の移設のことでお話を聞かせていただきたいのですが……」と切り出しながら名刺を差し出すと、怪訝《けげん》な顔をされた。理由を尋ねると、「新聞記者が取材に来たのはあなたが初めてだ」と言う。

「普天間飛行場の移設問題では、ほとんどの名護市民は受け入れ反対だと伝えられているが、メディアは取材に来ないのか」

耳を疑いながら、再度尋ねると、

「街にはいろいろな新聞社やテレビ局が来るが、みんな反対派が集まっているテント村にだけ行って、我々の声を聞こうとしない。最初から反対ありきだ」

男性はそれだけを言うと、すっと店の奥に引っ込もうとする。普天間問題には触れられたくない気持ちがありありと伝わってくる。それほどメディアに対する不信感が積もっていたのだということを後で知った。

実名を出さないことを条件に、「本音を話してほしい」と頼み込むと、店主は重い口を開き、街の入り口にある「WELCOME APPLETOWN」という看板の由来から語りはじめた。

キャンプ・シュワブが開設されて間もない昭和三二年、丘陵地帯だったこの地域を民政府の土地課長だったアップル中佐が中心となって開発したことから、米軍と辺野古住民の友好の証としてこう呼ばれるようになったという。

店主は米軍による統治時代から辺野古を見続けてきた。

「ベトナム戦争（一九六五年〜七五年）の頃はスナックやクラブなどの飲食店が六〇軒近く並ぶ米兵相手の繁華街だった。ホステスも一〇〇〇人以上はいた。当時の辺野古の人口は一五〇〇人ぐらいだったから、合わせると三〇〇〇人近くが住んでいたことになる」

店主は当時を懐かしむように言葉をつないだ。

「街全体が活気に満ちていた。どの店にもホステスが七、八人はいて、一日の稼ぎも三〇〇〇ドルはあったらしい。当時、私の家は二五坪の瓦葺きの一軒家だったが、二〇〇〇ドルで建てられた。それが一晩で三〇〇〇ドルのあがり。二五セントあれば、こどもとバスで名護まで行き、そばを食べて帰れた時代にだ」

だが、ベトナム戦争が終わると同時に、米兵の数は減り、街は急激に寂れていった。

「辺野古にはこれといった産業がない。米軍基地相手の商売しかない。基地と一緒に育った我々は、トラブルもあったが、同時に恩恵を受けながら生きてきた」

男性はこれまでのキャンプ・シュワブとの関係を話しはじめた。

「辺野古は一〇の班に分かれているが、キャンプ・シュワブはその第一一班。海兵隊員は、毎晩のように食事をしたり酒を飲んだりするために街にやってくるし、街で主催する運動会などにも毎回参加する。米軍と関係を持ったことがない人には理解できないだろうけれど、我々は米軍基地と共存している。だから、普天間飛行場の移設についても、条件は付けるが、住民の八割ぐらいは受け入れに賛成だ」

彼のほかに二〇人ほどの住民と話をした。いずれも、四〇代から六〇代。彼らは、復帰後四〇年間にわたり、米軍と対峙した生活のなかで、米軍基地を知らない者にとっては想像できないような体験をしていた。

ある飲食店経営者は、「海兵隊員が酔って暴れたので殴り合いになったことがある。海兵隊員はそのまま金を払わないで逃げようとしたので、出刃包丁を持って追いかけ回したんだ。一晩経つと、彼はアイムソーリーと謝りに来たよ」と言い、日々が闘争だったと振り返りながら、こんなエピソードも話してくれた。

「一昨年、常連客の若い海兵隊員がアフガンに出撃することになったんだ。出撃する直前、『明日、アフガンに出撃する』と挨拶に来たので、くれぐれも気をつけてと言って送り出した。それから数日後、嘉手納《かでな》基地にいる彼の女友達から店に電話が入った。聞けば「彼が地雷を踏んで戦死した」という。彼は息を引き取る前、戦友に『嘉手納にいる彼女に電話をして、辺野古のパパに自分が戦死したことを伝えてくれ』と頼んでいたんだ。『辺野古のパパ』とは私のことだよ」

報道されない地元の声

辺野古地区はかつては、農業のほか、山から切り出す薪を貴重な収入源としていたが、平地が少なく、これといった産業がないため今は過疎化が進む一方だという。

過去に、普天間飛行場の移設を受け入れる条件として、北部振興策として名護市など北部の市町村には一〇〇〇億円にのぼる特別な補助金が提供されてきた。その一部で公民館の改築や国立高専の建設、ＩＴ産業の誘致などを展開してきた。地域は現在、経済振興の途上にあった。

それが、鳩山元首相率いる民主党政権が、突然、「国外、県外」とアピールしたことで、地元メディアを含む基地反対勢力が勢いづき、激しい反対運動を展開しはじめたのだ。街の再生は滞ってしまった。すべては普天間飛行場の移設を受け入れることが前提だった。

話を聞いた住民達からは、「普天間を受け入れた場合、騒音問題や漁業補償をどうするかによるが、基本的には条件次第で受け入れ容認」とした上で、「辺野古への移設は国が一度は決めたこと。普天間が移設された場合、海兵隊と実際に付き合うことになる我々が受け入れると言っているのだから問題はないはず。ところが、そうした我々の声は一切、報じられない」と、異口同音に不満が口をついて出てきた。

一〇年間、キャンプ・シュワブでガードマンをしていたという六〇代の男性は、「基地と直接関係ない場所の住民が迷惑料として補償をもらおうと反対しているケースもある」と不快感を表し、「反対集会があっても、辺野古の住民で参加するのは数人いるかどうか。滑走路ができると米兵が増員されるから、飲食店なども増え、ベトナム戦争の頃より活気を帯びるのは確実だ。我々は、米軍基地とともに育ち、生活してきたから、普天間飛行場が移ってきてもまったく違和感はない」と語った。

米軍基地を抱えて生活する住民の思いはひとおりではない。基地は嫌だが、地域の経済活性化のためには、基地経済に頼らざるを得ないという状況。その複雑な思いも彼らは話してくれた。

「我々が一番心配しているのは、ある日突然、キャンプ・シュワブがなくなったらどうするかということだ。アメリカさんのことだから突然、撤退を決めかねない。キャンプ・シュワブがなくなったら我々はどうすればいいんだ。ホームレスになってしまう」

「アメリカはかつて、フィリピンから突然、撤退した。その後、何が起きたか？　南沙諸島に中国が出張ってきた。日本と沖縄は、以前から、尖閣《せんかく》諸島問題を抱えているが、日本に軍隊がない以上、もし、沖縄から米軍がいなくなったらどうなるか。火を見るより明らかだろう」

米軍基地のある地域で育ち、辺野古に嫁いできたという二〇代の女性は、

「私の育ったところは騒音がひどいといって反対運動が活発ですが、言われるほどではなかったから、それほど苦には感じなかった。それより、こどもの将来を考えると、雇用を中心に辺野古が経済的に活気を帯びてくれないと困る。だから、普天間の移設受け入れは賛成」

と断言した。

さらに、受け入れ反対派が反対理由の一つとする環境問題については、

「米軍のお陰でサンゴが守られてきたとも言える。民間企業が造成や開墾をしていたら、赤土が海に流れ出して、サンゴや海草類は絶滅していただろう。私有地がゴルフ場に造成され、流れ出した赤土でサンゴが絶滅したところはたくさんある。米軍が管理してきたから、辺野古のサンゴは守られてきた」

とも語った。

総じて、住民が口をそろえたのは、「辺野古で決まったことだからそれでいい。ただ、移設後は、辺野古の若者が優先して基地で働けるように政府として斡旋《あっせん》してほしい。はっきりと賛成と言わない住民も本音では活気が戻ればいいと期待している。政府が移設後の対応策を確約さえすれば、一〇〇パーセント近い住民は賛成する」という希望と、「容認派の声が伝えられ

ない」ことへの不信感だった。

辺野古区行政委員会普天間代替施設等対策特別委員会の古波蔵《こはぐら》廣委員長も、

「そもそも、辺野古と久志、豊原の三区は名護市に合併される前、米軍を誘致した。それが今のキャンプ・シュワブだ。米軍とは親善委員会をつくって、良好な関係を続けてきた。キャンプ・シュワブは一一番目の班としてお互いに認め合っている。そういう関係にあるから、普天間飛行場の危険を除去するという国策のために、沿岸部案を引き受けた」

とし、

「普天間が来ることに反対しているのはほんの数人で、今でも住民の八割は賛成している。マスコミは反対運動が激化していると伝えるが、それは間違っている。マスコミが来ると、地元のオジイやオバアがかり出されるのが実態だ。我々は、改めて政府から沿岸部案の提示があれば、受け入れる門戸は開いている。でも、そんな我々の考えは一切、報道されない。地元紙の記者も知っているはずなのに記事にしない」

と語気を強めた。

普天間飛行場の移設問題は、これまで、キャンプ・シュワブと対峙して生活をし、条件付きとはいえ普天間飛行場の移設受け入れを明確にしている住民の思いを忖度《そんたく》することがなかったのではないか。反対する当事者の声とともに、もう一つの当事者の声を聞き届けてこなかったのではないか。

住民と反対運動の距離

反基地闘争を展開してきた市民グループや活動家の主張に、少なくない市民が疑念を持つに至った、ある出来事がある。

日本一危険な小学校としてテレビや新聞に紹介される宜野湾市立普天間第二小学校（児童数約七〇〇人）の移転問題だ。

普天間第二小は、昭和四四年に普天間小から分離、新設校として開校したが、南側グラウンドが普天間飛行場とフェンス越しに接しているため、米軍基地の危険性を象徴する存在と言われてきた。

移転計画が具体的に持ち上がったのは五七年頃。小学校から約二〇〇メートル離れた基地内で米軍ヘリが不時着、炎上したのがきっかけだった。当時、宜野湾市長だった安《あ》次《し》富《とみ》盛信氏（故人）によると、それまでも爆音被害に悩まされていたが、炎上事故を受け、小学校に米軍機が墜落しかねないという不安が広がり、移転を望む声が地域の人達から湧き上がったという。

安次富氏らは移転先を求めて米軍と交渉、同時に那覇防衛施設局（現・沖縄防衛局）とも予算の捻出に向け協議を始めた。ところが、突然、市民団体などから、「移転は基地の固定化につながる」と反対の声が上がったのだ。安次富氏らは「爆音公害から少しでも遠ざけ、危険性も除去したい」と説明したが、反対派は抵抗を続け、計画は頓挫した。

その後、昭和六二年から平成元年にかけて、校舎の老朽化で天井などのコンクリート片が落下して児童に当たる危険性が出たため、基地から離れた場所に学校を移転させる意見が住民から再び持ち上がった。だが、やはり市民団体などに「移転せずに現在の場所で改築すべきだ」と反対され、移転構想はストップしたのだという。

当時市議だった安次富修前衆院議員は、「反対派は基地の危険性を訴えていたのだから真っ先に移転を考えるべきだと思うのだが……」と話した。また、ある市関係者は、

「多くの市民は基地の危険性除去のために真剣に基地の移設と学校の移転を訴えたが、基地反対派の一部が米軍の存在意義や県民の思いを無視し、普天間飛行場を、というよりこども達を政治闘争の最前線に立たせることになってしまった側面は否定できないのではないか」

と指摘する。

飛行場の移転は、結果的に危険の別の場所への〝移設〟になる可能性がある以上、飛行場と基地の移転に異議を唱えるのが反対派の主張であろうことは、察することができる。しかしその一方で、こども達を反米軍基地闘争の人質にとり、盾にしてしまってはいないか。移転計画をめぐるこの一件は、地元・宜野湾市民と県民の少なくない人達に逡巡《しゅんじゅん》と疑念をもたらした。そのこともまた、明記すべきことではないだろうか。

鳩山発言と名護市長選

鳩山元首相の「県外・国外移設案」は、基地反対を唱える人々にとって大義名分を得た思いではあっただろう。それを誇示したのが、平成二二年一月二四日に投開票が行われた名護市長選だった。

基地反対派は全国から結集し、普天間飛行場の県内移設に反対する稲嶺進氏を支持、選挙運動を展開した。選挙結果を民意として尊重するという鳩山首相発言を追い風に、米軍基地反対の論陣をはる地元紙なども、この市民運動グループの声を大きく取り上げた。

ただ、この稲嶺氏も、市幹部職員だった頃は、普天間飛行場の辺野古への受け入れを容認する立場を取っていた。市長選の告示前、反対派に回った理由を尋ねると、「公務員当時は上司である市長の意見に従うのは当然。従っただけ」と言葉少なに話した。

市長選では稲嶺氏を支持した民主党、社民党、国民新党、共産党などは、米軍基地を受け入れなくても政府とのパイプがあれば経済援助を受けられ、経済の活性化は図れると訴えかけた。それが市民の心の奥底に潜む反米軍基地感情を少なからず揺さぶったであろうことは想像できる。

県内外の基地反対派の動向について、米軍基地問題をウオッチしている情報関係者は、「反米闘争を展開しているグループにとって、沖縄は重要な活動拠点であり、実際、普天間飛行場の辺野古への移設に反対しているグループには、県外者が多い」と指摘し、名護市長選の結果については、

「選挙は彼らにとって大きなチャンスとなった。県民は経済面で基地の受け入れを容認してきたが、反米グループはそうした県民感情を巧みに操った。市民の目を基地依存経済から遠ざけ、有権者に夢を抱かせることに成功した」

「米軍基地を抱えていない自治体に住む県民にとっては、騒音も危険性も関係がないから、当然、基地問題にはあまり関心がない。基地反対派の市民グループはそうした無関心層にも積極的に働きかけた」

と分析した。

市長選は、当初、共産党系の市民団体が候補を擁立したが後に取りやめ、稲嶺氏を統一候補とした経緯があった。

「選挙では、共産党の支援が強かった。新市政では、共産党の発言力が増す。反米グループの動向と重ね合わすと、名護市が極左化するのではと心配だ」（元県議）と懸念されていたが、ある情報関係者は、

「稲嶺さんが初登庁した二月八日、市役所に行って驚いた。反基地闘争を展開している市民グループが仕切って、市の職員が距離を置いていた。稲嶺市政は革新系の反米軍基地グループに牛耳られてしまった可能性があり、目が離せない。反基地闘争を展開しているグループが沖縄に集結、共闘を持ちかけられた辺野古住民もいるという話も聞いた。不安が的中しつつある」

と表情をこわばらせた。

普天間飛行場を抱える宜野湾市の対応も不可思議だった。

平成一五年四月から二二年一〇月までの七年六ヶ月間、市長を務めた伊波《いは》洋一氏は終始一貫、「県外、国外移設」を繰り返してきた。その伊波氏に対し、

「市長は、宜野湾市民のことをまず考えるべき。普天間の危険除去優先を言うなら、辺野古が受け入れたのだから、それを早急に実行させるのが職務ではないか。宜野湾の経済振興も積極的に手をつけず、基地問題ばかり。それも、実現不可能な案をぶちあげるばかりで、本気で移設を考えているとは思えない」（地元タクシー運転手）

という声も聞かれた。

普天間飛行場近くの自営業者も、「近所の連中が集まれば、伊波市政はおかしいと、みんな言う。それを新聞記者に話しても、なぜか、だれも書かない」と語る。逡巡しつつ、しかし日々の暮らしのために基地を受け入れていこうとする住民の声が、十分に表面に出ているとは言えないのである。

世論と反基地闘争

イデオロギー闘争を展開する沖縄県内外の活動家らは、基地問題に関心がない無関心層も全県的に取り込んでいった。

基地問題に関心が薄いといっても、沖縄県民である以上、反日・反米という言葉には敏感だ。

大東亜戦争末期の沖縄地上戦では、一般市民が巻き込まれ、前述の通り、四人に一人が犠牲になったと言われる。家族のなかに身近な悲劇の記憶が残っている。それが語りつがれることで、無意識に日本への嫌悪感を持つことは不思議ではない。

六月二三日の「慰霊の日」前後に開催されるさまざまな行事、さらに、この時期の地元のテレビや新聞の報道内容が平和の名の下に、いかに偏向し、反日的な傾向を持つものかは先に述べた通りだが、一年中、ことあるごとに、旧日本軍を犯罪者扱いする記事が溢れ、電波を通して流されるのだから、戦争体験がない無関心層も、心の底に、ある種の思想が沈潜するのは当然だ。反米軍基地運動は、戦時中の記憶とともに、沖縄県民の心の奥底にあるこうした新たな反米、反日感情とも響き合うことになる。

元沖教組関係者は、

「沖教組が反対闘争の主導的役割を果たしているだけではなくて、世論誘導にも関わっている。原点にあるのは戦後教育のひずみ。沖教組をはじめとする活動家グループの罪は反日・反米運動に終始し、県民を尻目に闘争場所に沖縄を利用しているだけだ」

と怒りを表す。

複数の情報関係者は、「反基地闘争は、南部に残る沖縄地上戦での反日感情と、北部を中心とした米軍基地に対する反米感情に、一つの根拠を持っている」と語る。こうした状況で、「県民の総意」という言葉が何を意味するかについては慎重に対応せざるをえない。そしてそのことは、メディア報道のあり方についても再考を促すことになる。

知事へのアプローチ

活動家達のメディアを活用した闘争は、明確な結果を生み出した。

反米、反基地グループの戦略に、それまで辺野古への条件付き移設を容認していた県議会も、いわばあっけなく籠絡《ろうらく》されたのである。

平成二二年二月二四日、普天間飛行場の県外・国外移設を求める意見書を全会一致で可決した。県議会の豹変《ひょうへん》ぶりに、辺野古区行政委員会普天間代替施設等対策特別委員会の古波蔵廣委員長は、

「自公会派は沿岸部案を支持してきたのに、政権が代わったからといって、一八〇度態度を変えるのは我々への裏切りだ。県内移設やキャンプ・シュワブ沿岸部を認めると、県民世論を無視したと、メディアの標的にされ、その結果、県民の反感を買い、選挙に影響が出ると考えているんだ」

と不信感を隠さない。この県議会の対応も、メディアを巻き込み、市民グループを先頭に盛り上がりを見せる反米軍基地闘争への迎合だった。

活動家グループの一般市民へのオルグも着実に展開されている。

読谷村で開かれた県民大会の約一週間前、宜野湾市で普天間飛行場の撤去を訴える集会が開

かれた。新聞記事でこれを知った四〇代の男性が、当日、会場に行き、受付をしようとすると、出席を断られた。理由は、この男性が以前、地元紙に、「集団自決に軍命はなかった」という論文を寄稿していたからで、思想信条の異なる者は出席させないと言われたという。

「新聞記事で知って興味があったから話を聞こうと思った。すると、思想が異なる者は入れないという。集会そのものもおかしいが、公正なはずの新聞が偏向思想の集会を紹介するというのもおかしくはないか。出席を拒否されたと、新聞社に抗議をしたが、関係ないというそぶりで納得のいく説明はなかった」

と不満をぶつけ、

「いろいろな活動グループが、年に数回、集会を開いている。一種のオルグだ」

と続けた。

反対グループによる反米軍基地世論の構築は過激だ。

県民大会の様子についてはすでに触れたが、基地反対派による仲井眞知事へのアプローチもきわめて積極的なものだった。

仲井眞知事は当時、普天間飛行場の危険除去と米軍基地の縮小を実現するためには、まず、第一段階として周辺住民が受け入れの姿勢を見せるキャンプ・シュワブ沿岸部への移設を実現させなければならないとの姿勢を貫いてきた。

一方、基地反対派は知事の県民大会への出席と、県内移設反対の表明を求めた。

知事にとって〝身内〟であるはずの自民党県連は、当初、知事と同様、キャンプ・シュワブ沿岸部への移設を容認していたが、県外・国外移設案に固執する鳩山政権と反基地闘争の盛り上がりのなかで、一転して、県外移設要求へと方針を転換した。県外移設の意見書を可決した議会も、超党派で県民大会を計画、知事は孤立していった。

参加すべきか逡巡する知事に、自民党県連、県議会からの圧力とも思える参加要請が相次いだ。圧力の理由の一つには、その年の秋に予定されていた県知事選がある。県連関係者は、「知事が不参加だと、県内移設反対の世論に逆行することになり、知事選は戦えないという思いがあった」と明かす。

その一方で、反米イデオロギー闘争を展開する基地反対グループによる知事の担ぎ出しも執拗だった。反対派は、知事を参加させることで大会を県民の総意の象徴とし、島ぐるみで県外移設を主張していると、全国にアピールしようと画策したのだ。

地元メディアは参加を促す報道姿勢をとり、全国紙もまた、世論がこれほど盛り上がっている今、県民の総意を全国に発信しようとする県民大会に知事が参加しないのはおかしいのではないかとする論陣をはった。

逡巡した結果、知事は参加を決めたが、知事の側近は、

「普天間問題をイデオロギー闘争や選挙対策に利用することはありえない。しかしメディアも米軍基地の整理、縮小を念頭に置いた知事の真意を十分に斟酌《しんしゃく》するものではなかった。そんな

状況のなかで、知事は自分の思いを県民大会で改めて表明するために、参加を決断した」と語った。

県民大会に出席した仲井眞知事は挨拶のなかで、「普天間の危険性の一日も早い除去と過剰な基地負担の大幅な軽減を政府に訴えたい」と述べるにとどめ、「県内移設に反対」とは口にしなかった。

大会後、知事は、「いろんな方がいろんな考えを持っており、単純に、表題通りではない」と述べたが、普天間飛行場の県内移設反対と米軍基地撤去を唱える反対派を牽制《けんせい》する意図もあったのではないか。

県民大会に参加した六〇代の男性は、参加した印象をこう語った。

「今のムードだと普天間は固定化されてしまう。普天間第二小の問題を重ね合わせると、反対派の本音は、実現困難な要請をして、固定化させようとしているのではないか。固定化されれば、いつまでも闘うべき〝敵〟がなくならないから。知事はそれを避けるために参加したのだと思う」

二〇一〇年一一月の県知事選で、仲井眞氏は「普天間飛行場の国外・県外移設」を公約に出馬した伊波洋一氏を相手に再選を果たしたが、この知事選から、普天間飛行場の移設問題については、辺野古への条件付き移設容認の態度を改め、一転して「県外移設」を打ち出しはじめた。

それ以降、「県内移設は難しい」「県外移設を模索した方が早い」として県外移設を訴え続けている。知事はその理由として、県民大会で県内移設反対が決議されたこと、名護市長選で反対派の稲嶺氏が当選したことを挙げ、環境が変わったからだと説明している。

だが、知事が言う「県外移設」発言は、「県外移設がベスト。だが、移設先がないなら、県内移設もやむを得ない」と繰り返してきた知事の言動から考えるかぎり、本質では何も変わっていないことに気づく。基地反対派が知事に求めるのは「県内移設反対」の言質《げんち》であろうが、仲井眞氏はかたくななまでに「県内移設反対」を口にしていない。

恣《し》意《い》的につくられた環境が、米軍基地縮小への道程をますます遠のかせているのである。それは県民大会から二年経った今も変わっていない。

変わらない構図

沖縄で世論が構成される際、目を覆いたくなるのは地元メディアの報道ぶりだ。それは偏向報道というより恣意的な何かを感じる。ほかにも重要なニュースがあるのではないか……と言いたくなるほど、一年を通して、基地反対を訴える記事一色だ。いかにイデオロギーに支配された記事の多いことか。

四〇年前の本土復帰当時、復帰協を中心とする復帰運動とは別に、各種経済団体などが中心となり、昭和四六年一〇月三一日に那覇市内で「沖縄返還協定批准貫徹県民大会」が開かれたことは、第一章で触れた。この大会は純然たる民間団体による運営ということが、それまでの復帰運動とは違う大きな特徴だった。

ところが、こうした動きが大きく報じられた形跡はほとんどなく、広く知れ渡ることはなかった。

琉球商工会議所と琉球工業連合会、沖縄経営者協会は、「返還協定にはいくつかの不満な点があるが、それは復帰後、解決していかれるものであり、まずは返還協定を批准し、早期復帰を達成することが重要」と判断、批准県民大会に最大の動員をかけて参加することを決めている。四六年一〇月三日付『沖縄経済新聞』はこう報じている。

「沖縄返還協定批准をめぐる最近の状勢は、革新政党や労組団体などが、その粉砕を叫び、ことあるごとに、年休をとった何割動員の指令一つで、批准反対の運動が続けられ、それがあたかも、沖縄の世論のごとく伝えられている。マスコミも、このような革新勢力の動きだけが、正論とばかり、あおりにあおっているため、反対運動はますますエスカレートするばかり」

同紙はメディアの報道姿勢を批判した後、

「保守体制側は、常にどうにかなるといった安易が体質的にあって、革新勢力の言うがまま、為すがままになっているのが実情。今度の沖縄返還協定批准をめぐる反対運動もそのような基盤のうえにたってなされている」

と保守陣営に矛先を向け、

「革新勢力が沖縄問題を闘争の具として、勢力を拡大するのがねらい、ひいては共産革命の発火点にしようとしている策略があることはもちろんだが、これを許してきた責任の一端は保守側にもある（中略）革新勢力の微に入り細にわたる動員方法に比べると、どうしても劣勢となる。この結果が、革新勢力の言動を正論として印象づける一因ともなっている」

「革新勢力を暴走させることになる。今後は、経済団体としても、勇気をもって意志表明をするべき時は断じてやる姿勢が望まれる」

とする。

復帰と同時に自衛隊が沖縄にも配備された。

革新系を中心に反対運動が活発化するなか、当時の自民党県連青年部政策部長の唐真《とうま》弘安《ひろやす》氏は、同紙で、

「国益か県益かという議論がさかんである。本土と沖縄を対峙させて、沖縄を常に被害的立場において、そこから県益を主張する。そのほとんどが、県益のみを主張することが多く、正しい姿勢とはいえないと思う。単に『県益なくして国益なし』だけではなく、同時に『国益なくして県益なし』という大局的立場を忘れないことである」

とした上で、自衛隊配備の必要性をこう訴えている。

「屋良《やら》（朝苗《ちょうびょう》）主席の自衛隊配備反対の声明でもいえることである。これまで、永い間、異民族統治下にあった沖縄にとっては、ひたすら県益を主張することも、県民感情としてやむえないことではあったが、復帰して、日本国の一県となる以上、沖縄県の立場のみを主張するので

はなく、国益に対する理解も大いにもつべきことを痛感するのである」

「沖縄は友好国のアメリカが七二年返還を約束したが、ソ連による北方領土は、まったく手がつけられない実情にある。それに、昨今の尖閣烈《ママ》島の石油資源に対する中共のいちゃもんは、自衛力の強化をまざまざと痛感させられるものである。国の守りとしての自衛隊の沖縄配備は、是非とも必要というのが私の立場である。と同時にもう一つ忘れてはならないのが自衛隊の日常活動である（中略）復帰後の自衛隊の沖縄配置計画をみても、このような沖縄の事情を、とくに考慮に入れて、施設、輸送部隊が主力とされている」

　そして、

「単に、基地アレルギーを利用し、反戦平和の美名のもとに、イデオロギー闘争の手段としている革新勢力の自衛隊沖縄配備反対の真のねらいを見ぬき、県民の生活と財産を守り、外敵から国を自衛するという自衛隊の正しい姿を、理性的判断でもって理解することこそ大切である」

　と結論づけている。仲井眞知事は、ことあるごとに、

「私は安保を認め、日米同盟も必要だと感じている。（自衛隊については）急患輸送や不発弾処理など、日常業務に対して感謝している」

　と繰り返している。

　防衛省は与那国島に陸上自衛隊の配備を計画、それに対して反対する住民も多いという報道

が地元メディアを中心に伝えられるが、元地方議員は、

「自衛隊の配備は当然。反対しているのは本土から入り込んできた活動家や普天間問題で強硬に反対を唱える人たちだけ。住民は歓迎しているが、そういう声はなかなか表に出てこない」

と話す。

復帰から四〇年が経った今、沖縄は米軍普天間飛行場の移設問題で大きく揺れている。これまで紹介してきた県民大会やメディアの対応、保守勢力の言動と、四〇年前の復帰当時の様子は、どこか似てはいないか。四〇年前と今と、変わらない葛藤を沖縄は抱え込んだままなのである。

四〇年は経ったものの、保守側は巻き返すどころか、革新勢力と地元メディアがますます勢いづき、県民の声なき声を封殺しているのである。

沖縄には、こんなことわざがあるという。

「チュウサチ　ムヌイウナ」

「人より先にものを言うな」という意味で、理由は、人より先にものを言うと、結果によっては責任を取らされるからだという。

八〇代後半のある女性は、

「人より先に余計なことを言うと、犠牲者になるよと。思っていても口に出したらだめ。責任を取らされたらどうするんだという思いが根強くある。王朝時代から、自らを守るために学ん

できたことで、だんだん、消極的になっていった。だから、沖縄の人は自分からは大きな声でものを言わない」

と言う。

ある元自衛官は、

「沖縄県民は一対一だと本音を話すが、複数になると本音を出さない。地縁、血縁の強い沖縄では、争いを避けるため、複数になると付和雷同する傾向がある」

と分析した。

復帰運動がそうであったように、普天間飛行場の移設問題でもそうであるように、実は多数意見だが、声を上げない故に少数意見とされ、打ち消されてしまう声が存在する。

基地反対の声、基地容認の声……。大声で叫ばれ、あるいは口を開く前に閉じられ、呑み込まれてしまったいくつもの声。その声にはいくつものニュアンスがある。そのどれもが、基地という棘《とげ》が刺さった沖縄の、疼痛《とうつう》を訴える声ではないか。

そしてそうであるならば、基地問題を政治的な踏み絵のようにして、いずれかの声のみを宣揚するのではなく、傷みの声のすべてに等しく耳を傾けることがメディアの仕事ではないのだろうか。

沖縄県民の資質に加え、四〇年前の復帰運動、そしてその後の学校教育やメディアを通して醸成された歴史認識が本土と沖縄とを遠ざけているのもまた事実で、改めて検証すべきである。

安保闘争と沖縄

普天間飛行場の県内移設に対して、県民すべてが反対一色に染まったかのように伝えられる「県内世論」は、これまで繰り返したように、教育現場の偏った教育とメディアや活動家によるある種の演出によってつくられていった。そしてこうした反日・反米活動の背後には、本土の活動家グループの存在が見え隠れする。

復帰日の五月一五日、普天間飛行場では、その周囲を反対派住民が手をつないで取り巻き、撤去を訴えるヒューマン・チェーン運動が展開される。

地元メディアは、その模様を大きく報じるが、ある革新系の元活動家は、

「ウチナーンチュを思っている振りをしたヤマトンチュが、実はウチナーンチュをオルグして、自分達の活動に利用しているだけ」

「本土に行って各組合を回って応援を頼む。だが、本土からの連中は観光目的。沖縄のことを考えて来てくれていると沖縄の人は思っているが、そうではない」

とも語った。

七〇代の元県立高校校長の男性はこう断じた。

「普天間飛行場の県内移設反対運動に代表される反日・反米運動の主導的役割を果たしているのは、沖教組や高教組だ。反対闘争には六〇年安保闘争の亡霊が乗り移っている。反日教育を

繰り広げる二つの組合が、悲惨な地上戦を経験した県民の心に潜在する被害者意識をあおって反米軍基地運動に利用し、反日・反米闘争を激化させている」

「反米運動というのは、イコール反日運動でもあるのです。今年で戦後六七年。復帰四〇年を迎える。さきの大戦で悲惨な経験をしましたが、若い人達、あるいは中年ぐらいの人達には、その時の恨みはだんだん消えつつあるのです。六〇代以上の方はいまだにそのことを覚えていますが、そういう被害者意識も少しずつ薄れつつあったのです。ところが、歴史観のない民主党政権は、その被害者意識をまた呼び起こしてしまった。あなた方は、六七年前も捨て石にされた被害者だと。しかも、その後も米軍の統治下にあり、復帰したかと思うと今度は米軍基地を押し付けられて、いまだに差別され、被害者なのですよ、と」

全共闘時代、左翼グループと対峙したという元地方議員は、

「マスコミの幹部クラスや学校の校長、教頭、県の幹部クラス……みんな、六〇年安保闘争やベトナム戦争反対運動の時代に青春を過ごした世代です。沖縄はこうした人々が消えないと変わらない。沖縄で反米軍基地運動や反体制運動をしているのは、生活を保障されている人達です。沖教組や連合など、反対運動をしても痛くもかゆくもない。食べていけるから」

と怒りを隠さない。

民主党政権は、戦後六七年を経て、かぎ括弧つきとはいえ、ようやく醸成しつつあった本土と沖縄の宥和に、無分別に手を入れてしまったのだと言えば、言いすぎだろうか。

第四章

依存

暮らしのなかにある基地

米軍基地受け入れと沖縄経済

「米軍基地受け入れに賛成ですか、反対ですか」――。

こういう質問に、大半の国民は「反対」と即答するだろう。

だが、実際に米軍基地と対峙する生活を余儀なくされている沖縄県で米軍基地問題を考える場合、六つの立場から考えなければならない。

一つ目は軍用地主の立場、二つ目は米軍基地に雇用されている人の立場、三つ目は真に米軍基地の撤退を願っている人の立場、四つ目は基地関連収入のある自治体の立場、五つ目は無関心な県民の立場、そして六つ目は基地問題をめぐる反対派の立場――である。

まず、沖縄県における米軍基地問題は、基地が沖縄経済に与えてきた影響を抜きにしては考えられない。

沖縄県の陸地面積は二二万七五九一ヘクタール。このうち米軍基地面積は二万三二九三ヘクタールで、全体の一〇・二パーセントを占める。四一市町村のうち二一市町村に、三四の米軍施設（兵舎四、飛行場二、港湾三、演習場一五、倉庫四、医療一、通信四、その他一）が設営され、平成二一年九月末現在で軍人二万四六一二人、軍属一三八一人、家族一万八九〇二人の合計四万四八九五人が常駐している。

全国にある米軍施設は一三二だから、二五・六パーセントが沖縄に集中していることになる。普天間《ふてんま》飛行場の移設先とされる沖縄県名護市の面積は二万一〇三七ヘクタールあるが、そのうち米軍施設は二三三四・七ヘクタールで一一・一パーセントを占める。東南アジア最大の飛行場と言われる嘉手納《かでな》飛行場を抱える嘉手納町は八二・五パーセントが、普天間飛行場を抱える宜野湾《ぎのわん》市は三二・四パーセントが基地に占められている。

こうした数字を見る限り、「そんなに米軍基地に占められているのはおかしい」と感じるのは当然だ。

沖縄の米軍基地問題を語る際、在日米軍専用施設の七四・三パーセントが沖縄に集中していると強調される。だが、ここで注意しなければならないのは数字のマジックがある。

在日米軍基地の総面積は約一〇万二八二二ヘクタール。とすると、沖縄の占める割合は二二・七パーセントになる。だがなぜ、七四・三パーセントになるのか。

理由は、七四・三パーセントというのは自衛隊との共用米軍施設を含まない米軍専用施設についての割合である。日本国内に構える米軍専用施設と自衛隊と米軍の共用施設から計算すると、在沖米軍基地の割合は二二・七パーセントなのである。

米軍専用施設に占める割合と、注釈がつけられてはいるが、メディアの間ではこの専用という注釈を軽視、七四・三パーセントも沖縄が占めていると誇張されて伝えられているのである。だが、いずれにしても、県面積の一〇・二パーセントを占めるというのは異常であることは否定できない。

ここで、米軍基地と沖縄経済の関係を見ていきたい。米軍に土地を提供し、軍事基地を受け入れた二一の市町村には、政府からさまざまな補助が出されている。

平成二一年度を見ると、基地周辺整備などとして総額約六六億七〇〇〇万円が、基地交付金として約六七億三〇〇〇万円が、その他の補助を合わせると、この年の市町村の歳入総額（約六二六九億円）の四・三パーセントにあたる二七一億円余りが支払われている。

普天間飛行場を抱える宜野湾市の場合は、基地周辺整備などで約一億八五〇九万円が、基地交付金として約五億二三二四万円が補償され、さらに、米軍基地に土地を提供しているため、その賃借料（軍用地代）が支給される。宜野湾市は普天間飛行場のほか、キャンプ瑞慶覧《ずけらん》の一部も抱えるが、二一年度を見ると、普天間飛行場分だけで、宜野湾市と一般地主に軍用地代として合計六七億二三〇〇万円が支払われている。このうち、一億一四〇〇万円余りが同市に入っている。そのほか、防音事業関連維持補助金などを合わせると、宜野湾市に支払われた額は総額一一億二八〇〇万円余りにのぼった。

こうした市町村への補助とは別に、県にもさまざまな米軍基地関係収入がある。その一つは、軍用地代収入だ。沖縄の米軍基地の三四・五パーセントは国有地で、三・五パーセントが県有地、二九・四パーセントが市町村有地で、三二・六パーセントが民有地だ。国有地以外の土地については、所有者である県、市町村、民間地主が日本政府と賃貸借契約を交わし、毎年政府から賃借料が支払われる。総額は、本土復帰した昭和四七年度は一二三億一五〇〇万円だったのが年々値上がりし、平成一九年度には七七七億円に、二〇年度は七八四億円にのぼっている。

さらに、米軍兵士や軍属、その家族が地元に及ぼす経済効果も大きい。二〇年度は六八七億円。加えて、米軍基地に雇用される県民（約九〇〇〇人）の所得もある。

米軍基地のレストランに勤める男性は、

「これまで沖縄県民が生活できたのは、基地があったから。一般市民も沖縄が豊かになったのは基地のお陰ということはみんな分かっている。基地に雇用されている自分は、基地がなくなると困る。基地に雇用されている従業員でつくった組合もあるが、基地で働いて収入を得ていながら、政治運動をして、基地反対運動をする。矛盾だらけで訳が分からない」

と話す。

二〇年度の米軍基地雇用者の所得は五二〇億円で、これらを合わせると、沖縄県の基地関係収入は総額二〇八四億円にのぼり、全収入の五・三パーセントを占めた。

軍用地主

ところで、軍用地主は一八年三月末時点で三万九〇三七人。これは民間地主だけでなく、基地を抱える自治体も地主として名を連ねるが、軍用地料別に見ると、年間一〇〇万円未満＝五三・八パーセント、一〇〇万円～二〇〇万円未満＝二〇・四パーセント、二〇〇万円～三〇〇万円未満＝九・〇パーセント、三〇〇万円～四〇〇万円未満＝五・〇パーセント、四〇〇万円～五〇〇万円未満＝三・三パーセント、五〇〇万円以上＝八・四パーセント――となっている。

浦添《うらそえ》市の地主によると、民間地主の軍用地料は、年平均では三〇〇万円前後で、なかには年間二二億円を得ている会社経営者もいるという。

この軍用地主については、あきれる証言もある。語るのはある地方議員だ。

「沖縄市だけでも年間一億円以上の軍用地料をもらっている人が三、四人いるらしい。革新系の政治家のなかにも巨額な軍用地料をもらって、豪邸に住んで不動産を持っている人もいる。軍用地料をもらっていながら、基地反対運動をするのですよ。左手でシュプレヒコールを上げながら、右手で地代をもらっているのですから、どうなっているんでしょう」

那覇市内の不動産業者も、「米軍基地反対派のなかには、退職後、安定した軍用地料を得ようと、軍用地を買った公務員もいる」というから、真の民意は分からない。

このように県、市町村、県民と米軍基地との経済的つながりは深い。しかも、つながりが深いだけでなく、きわめて不透明な側面もあり、県民の本音はなかなか見えてこない。

普天間飛行場を名護市辺野古《へのこ》のキャンプ・シュワブ沿岸部へ移設することを地元住民が受け入れたのも、その代償として、北部地域の開発のため、一〇年間、毎年一〇〇億円を支援するという北部振興策と総額一〇〇〇億円にのぼる地域振興予算（通称・島田懇談会事業）が担保されたからだ。

沖縄では、米軍基地反対派を中心に、基地経済を政府による「アメとムチ」とし、「沖縄経済を堕落させた要因」とする声もあり、軍用地主や自治体からすると胸中は複雑だ。

軍用地主と基地雇用者、そして基地の恩恵を受けている自治体は、なかなか「基地容認」「移設・撤退反対」とは口に出せない。それぞれがそれぞれの立場で恩恵を受けているという〝負い目〟があるのと、「容認」を口にしにくい環境があるからだ。

例えば、その危険性の除去から早期移設が叫ばれている普天間飛行場近くの、六〇代の軍用地主に話を聞いた。彼は匿名を条件に、

「本音は、普天間は今のままがいい。決まった軍用地料が毎年入ってくるから。仮に返還されたとして、再利用、再開発するのに二〇年以上はかかる。でも、メディアのインタビューに正直に答えると反対派の反発を受けるから、ついつい『基地反対』『早期撤去』と言ってしまう」

と本音を吐露した。

このように、真に基地撤去を願う住民とともに、米軍基地で潤う軍用地主や基地雇用者、自治体など、「基地容認」のニュアンスはおのおの異なるとはいえ、いずれも容認の意思を素直

に口に出せない複雑な思いを抱えた人々がいることもまた事実である。

もちろん、住民の心には、復帰後も基地を押し付けられたという意識が強く、潜在的に反基地感情も同居する。

普天間飛行場に軍用地を提供している男性（七〇歳）は、

「基地受け入れの代償に巨額な援助を受けてきたことで、基地反対の感情を相殺《そうさい》させてきた。基地は経済効果を期待する存在でしかなかった」

と明かした。

県民がどれだけ本心から基地反対を考えているのかを把握するのは難しい。日本の安全保障を左右する普天間問題について、日本政府は、基地容認であれ反対であれ、県民のそれぞれに苦しい胸のうちと「見えない民意」を黙殺してきたのだ。

「沖縄は特別」

平成二三年一一月一八日――。

野田新政権で就任したばかりの竹歳《たけとし》誠官房副長官が、沖縄を初めて公式訪問した。

政府は、二一年九月の民主党政権発足以来、相次いで沖縄関係閣僚を沖縄に派遣、米軍普天間飛行場の名護市辺野古への移設に理解を求めてきたが、「県外移設」の姿勢を崩していない仲井《なかい》眞《ま》弘多《ひろかず》知事とは平行線のままで、沖縄との溝は深まる一方だった。

竹歳氏が沖縄を訪れたのは、二四年度から始まる新たな沖縄振興策や基地負担軽減について沖縄県側と意見交換するのが目的だった。

政府は、新沖縄振興計画と普天間問題のリンク説を否定し続けていたが、事務方のトップである竹歳氏を派遣、振興策や基地跡地利用の新法制定に向けた事務レベルの連携を図ることで県との溝を埋め、膠着《こうちゃく》状態の普天間問題解決の風穴を開けたいという意図は、だれの目にも明らかだった。

意見交換に立ち会ったのは、政府側は、竹歳氏のほか、防衛省地方協力局次長、防衛省大臣官房参事官、外務省北米局審議官ら九人、県側は知事のほか、副知事、知事公室長、総務部長、企画部長、商工労働部長、基地対策課長、企画調整課長の顔ぶれがそろった。

沖縄県は当時、二四年度の沖縄振興予算に、県独自の采配で使用できる沖縄振興一括交付金として三〇〇〇億円を要求していた。

仲井眞知事は、会談の冒頭、

「四回目の沖縄振興の法律が来年三月三一日で切れる。沖縄振興についての新しい法律を作っていただくこと、そのなかには民主党政権が強く打ち出している一括交付金の活用をお願いしたり、県の計画に国が支援いただくという地域側に主体性を持たすような仕組みに、四〇年経ったので、そういう体系をつくっていただけないか……。税制も新しい時代に向けて深掘りしたり、アジア太平洋地域からの投資を誘因というか新しい時代に合う税制への展開をお願いしたい」

と頭を下げると、こう締めくくった。

「なかなかこういうご時勢、政府の皆さんも、我々の要求をそのままというのも難しい時期かもしれないが、曲げてもこのお願いについては実現して、県民がすごいのをつくっていただけたなと思えるようなものを是非期待しています」

知事の言葉には抑揚がなかったが、身を乗り出して話す仕草は、要求は必ず受け入れられるという確かな見通しのようなものを感じさせた。

竹歳氏は「はい」と答えるほかなかった。県幹部との意見交換でもこの「三〇〇〇億円」が焦点となったが、会談後、竹歳氏は報道陣に、「財政的にも厳しく、制度的にも高いハードル」と三〇〇〇億円確保に難色とも思える発言を繰り返した。

だが、この竹歳氏は、意見交換会の直前、報道陣相手に「せっかくの機会なので私なりに、どういう気持ちで（沖縄）問題に取り組むか少しお話ししたい」と前置きして、次のように語っている。

「平成一六年、奄美振興特措法改正（奄美群島振興開発特別措置法及び小笠原諸島振興開発特別措置法の一部改正）の時、担当局長をしていたが、鹿児島県選出の山中貞則先生が反対した。山中先生は、『沖縄は特別なんだ。ほかの地域振興は極論をすればいらないのではないか』という考えで、鹿児島の知事も非常に慌てた。鹿児島の知事にお願いして、山中先生も知事が言うならと、賛成をしてもらった……ただ、その時の政府の立場、その後の一貫した政府の立場は、『沖縄は特別なんだ』。いろいろな政府の支援は沖縄はトップランナーだが、ほかの地域も同じようなことを主張するが、その沖縄は特別なんだ」

竹歳氏はこのように故山中代議士の言葉を引用し、その上で、

「山中先生がおっしゃったような立場で来ている……やはり、そういうことを頭に叩き込んでこの問題に取り組みたい。自由闊達《かったつ》な意見を通じて問題意識を共有して、次のステップに向けて一緒に努力したい」

と、自らも沖縄を特別な存在として対処したいと強調した。腫れ物にさわるような扱い、と言ったら言いすぎだろうか。ここには、決して悪意ではない遠慮と同情のようなものを感じはするが、それが熟慮の末に発せられた言葉とは受け取りにくい。これまでの本土の沖縄に対する不義理があるからである。

翌一九日、竹歳氏に続いて沖縄を訪問した川端達夫沖縄担当相と会談した仲井眞知事は、竹歳氏が一括交付金の確保に難色を示したことについて、「政府の受け止め方がまだ十分でない」と指摘した上で、「今の段階ではおそらく事務ベース。最後は我々の要望に沿う形でまとめてもらえると思う」と、幾分か政府の腹を見透かすように話している。

沖縄の経済、その現状

復帰して四〇年。この間の日本政府の沖縄振興計画は、竹歳氏が胸を張って言ったように確かに「特別」だった。

「沖縄の特殊事情にかんがみ、総合的な沖縄振興計画を策定する」

昭和四七年、本土復帰と同時に始まった沖縄振興計画の理由だ。

その背景には、沖縄地上戦での甚大な被害に加え、戦後は米国の施政下に置かれ、さらに、復帰後も米軍基地を〝押し付けた〟ことへの贖罪《しょくざい》の思いもあった。昭和四七年の本土復帰に伴い、政府は、沖縄県の経済振興を図るため沖縄開発庁を設置、「沖縄振興開発特別措置法」を策定し、それに基づいて、第一次振興開発計画（昭和四七年〜五六年）として一兆二四九三億円を、第二次振興開発計画（昭和五七年〜平成三年）として二兆一三四八億円を、第三次振興開発計画（平成四年〜一三年）として三兆三七〇四億円を投入した。

第一次と第二次は「本土との格差是正を図り、自立的発展の基礎的条件を整備する」こととし、第一次では、沖縄自動車道の整備など社会資本の整備に、第二次では那覇空港の拡張など特色のある産業の振興に重点が置かれた。

第三次では、さらに「我が国の経済社会及び文化の発展に寄与する特色ある地域として整備を図る」という新たな目標が設定され、沖縄サミットの開催や那覇新都心地区の整備など、地域特性を生かした交流拠点の形成を柱とした施策が推進された。

この三〇年間に投入された沖縄振興開発事業費は約七兆円にのぼった。

平成一四年四月一日には、「沖縄振興開発特別措置法」に代わる「沖縄振興特別措置法」が新たに施行され、「民間主導の自立経済の構築」を柱に、沖縄都市モノレールや沖縄科学技術大学院大学の設立など、二三年までに二兆四五九九億円が投下された。

復帰以来四〇年間に費やされた沖縄振興予算は総額で九兆二一四四億円にのぼるが、こうした振興予算に加え、第三章で紹介したように、基地交付金や基地周辺整備、北部振興事業など米軍基地を受け入れる代償として投じられた予算を含むと一〇兆円を超える。

沖縄には、このほか、ほかの都道府県にはない、目に見えない高率の補助がある。公営住宅建設や港湾改修、農業基盤整備などに対する補助だ。

例えば、公営住宅を建設する場合、本土では、国の補助率が二分の一なのに対して沖縄は四分の三、港湾改修工事では、本土は一〇分の五・五だが沖縄は一〇分の九・五、農業基盤整備事業では本土が二分の一、沖縄は一〇分の八……と高率だ。

さらに、国の予算支出を伴わない減税措置もある。酒税の税率は、泡盛は本土税率の三五パーセント軽減、ビールなどそのほかのアルコール類は本土税率の二〇パーセント軽減されている。揮発油税も一キロリットルあたり七〇〇〇円の軽減だ。

こうした多岐にわたる特別措置が施されてきたのである。

ところが、沖縄県の経済現状を見ると、特別待遇が果たしてどの程度生かされてきたのか、首を傾《かし》げざるを得ない。

参考に、『100の指標からみた沖縄県のすがた』（沖縄県企画部編、平成二三年四月版）から、特に経済的な側面が読み取れる二〇の指標を取り上げてみる。

▽県内総生産＝三兆六六二〇億二〇〇〇万円（全国順位三八位）
▽一人当たりの県民所得＝二〇四万九〇〇〇円（同四七位）
▽第一次産業構成比（対県内総生産）＝一・八二パーセント（同二二位）
▽第二次産業構成比（同）＝一二・一一パーセント（同四七位）
▽製造業構成比（同）＝四・四九パーセント（同四七位）
▽農業産出額＝八九二億円（同三三位）
▽漁業生産額＝一七三億円（同二七位）
▽製造業出荷額＝五四八〇億七六〇〇万円（同四六位）
▽預金残高＝二五〇万円（同四二位）
▽就業率＝五〇・六パーセント（同四七位）
▽新規高校卒業者の就職率＝七五・九パーセント（同四七位）
▽新規高校卒業者無業者比率＝一七・九三パーセント（同一位）
▽新規大学卒業者無業者比率＝三〇・三九パーセント（同一位）

▽完全失業率＝七・五パーセント（同四七位）
▽高校卒男子初任給額＝一三万七〇〇〇円（同四七位）
▽高校卒女子初任給額＝一三万六〇〇〇円（同四二位）
▽大学卒男子初任給額＝一七万五〇〇〇円（同四七位）
▽大学卒女子初任給額＝一六万八〇〇〇円（同四七位）
▽月間現金給与総額＝二四万八〇二一円（同四七位）
▽年間平均収入（二人以上の世帯）＝四五一万五〇〇〇円（同四七位）
▽貯蓄年収比率（二人以上の世帯）＝一二八・九二パーセント（同四七位）
▽年間平均収入（勤労者世帯）＝四六六万円（同四七位）
▽年間平均収入（父子・母子家庭）＝三〇三万二〇〇〇円（同四六位）
▽平均貯蓄率（勤労者世帯）＝五・八パーセント（同三九位）
▽財政力指数＝〇・三〇〇一二（同四二位）
▽自主財源＝二七・三一パーセント（同四五位）
▽高齢者就業割合＝一七・三三パーセント（同四六位）
▽情報サービス業売上高（従業者一人当たり）＝九五五万円（同四七位）
▽衛星放送受信契約件数（千世帯当たり）＝一三四・八四件（同四七位）
▽ブロードバンド契約数（千世帯当たり）＝四三二・七〇件（四二位）

多くの指標が全国最下位か下位にある。特に、失業率は全国一高く、県企画部によると、平成七年の完全失業率は全国平均の四・三パーセントに対し、沖縄県は一〇・三パーセント、一五年は五・三パーセントに対し七・八パーセント、一八年は四・一パーセントに対し七・七パーセント、そして二一年は五・一パーセントに対し七・五パーセントにものぼる。

財政依存体質を表す財政力指数も〇・三〇〇二と低く、自主財源の確保が進まず、財政依存体質から抜け切れないでいる。

こうした現実を前にすると、政府による特別な対応、そして交付された我々の税金が、これまで活かされてきたのかどうかは、はなはだ疑問なのである。

「日本再生重点化措置」と満額の回答

さて、話を二四年度から始まる新たな振興計画に戻す。

政府は、その初年度にあたる二四年度の内閣府沖縄振興予算案を前年比で二七・六パーセント（六三六億円）増の二九三七億一九〇〇万円とし、そのうち一五七四億五六〇〇万円を県の裁量権を拡大する一括交付金（仮称）とした。三〇〇〇億円を要求していた県側にとっては、ほぼ満額に近い回答となった。

二〇年度の全国の主要国税の徴収総額に占める沖縄県の納付額とその割合を見ると、法人税は全国で九兆四七三七億円。そのうち、沖縄県は〇・四〇パーセントの三八〇億円。申告所得税は全国が二兆六四九四億円で、うち沖縄県は二一五億円（〇・八一パーセント）、源泉所得税は全国が一四兆四三二〇億円で、沖縄県は五一三億円（〇・三五パーセント）、消費税は全国が七兆三四一四億円で、沖縄県は四一七億円（〇・五六パーセント）。合計すると、全国の主要国税の徴収総額は三三兆八九六五億円で、そのうち沖縄県が占める割合は、一五二五億円で〇・四四パーセントだった。そこに三〇〇〇億円近い予算が投入されることになったのである。

二四年度予算の最大の柱になる一括交付金は、中央省庁が使途を定めている補助金を県が自由に使えるようにしてほしいと、設置を要望していたものだ。

内訳は、人材育成や産業振興などに使用できる沖縄振興特別調整交付金（ソフト交付金）が八〇三億四〇〇〇万円で、道路や港湾整備事業などに使用できる公共投資交付金（ハード交付金）が七七一億一六〇〇万円。

概算要求段階では、県の要求額を大幅に下回る二四三七億円だった。東日本大震災の復興予算確保のため、他府県が予算を削られるなか、沖縄だけを特別に扱う環境になかったからだ。

ところが、フタを開けてみると、政府は特別枠の「日本再生重点化措置」を活用して、五〇〇億円を上積みするという異例の措置だった。竹歳氏が強気で言った「沖縄は特別」の結果である。

新振興予算では、一括交付金以外にも、公共事業費として一一一一億円、沖縄本島の南北を結ぶ南北縦貫鉄道など新たな公共交通システムの導入に向けた調査費として一億円が計上された。

さらに、沖縄振興税制案として、那覇空港周辺などに「国際物流拠点産業集積地域」を創設するほか、この地域とＩＴ（情報通信）、金融の三特区内では、進出企業の法人税所得控除率を現行の三五パーセントから四〇パーセントに引き上げることが盛り込まれた。

泡盛やビールなどの酒税軽減も五年間延長。沖縄電力の石油石炭税の免税措置については、対象に液化天然ガス（ＬＮＧ）を加えた上で三年間延長されたほか、航空機燃料税の軽減も二年間延長された。米軍の駐留軍用地を自治体が先行取得した場合、地権者の譲渡所得の特別控除も一五〇〇万円から五〇〇〇万円に引き上げられた。

仲井眞知事は、

「大変厳しい財政状況のなか、新たな沖縄振興のスタートに向けて必要な予算措置がなされたほか、沖縄振興の趣旨を踏まえた交付金が創設され、本県の振興に配慮がなされたと感謝している」

とコメントを出したが、ある県庁幹部は、「どうしてこれだけの予算を確保できたのか、知事も説明しないので分からない。ウルトラＣだった」と、狐につままれたような表情をした。

沖縄振興と基地問題の「リンク」

仲井眞知事は予算確保のために何度も上京、根回しに官邸や各省庁を奔走したとされるが、それだけにさまざまな憶測を呼んだ。

ある保守系議員は、遅々として解決のメドが立たない米軍普天間飛行場の移設問題を取り上げ、

「政府は、沖縄振興と基地問題はリンクしないと盛んに繰り返してきたが、普天間飛行場の県内移設に向けて、沖縄県側を懐柔する狙いがあるのは、だれの目にもはっきりしている」

と分析した。

新年度予算案について、地元紙の『琉球新報』は社説で、

「厳しい財政状況の中で沖縄予算を増額したことは評価する」としながらも、「普天間飛行場の県内移設に向けて懐柔する狙いがあるとすれば心得違いも甚だしい。基地問題と沖縄振興は次元の違う話だからだ」

とし、さらに、

「沖縄振興一括交付金の場合、他の都道府県に適用される交付金に比べると自由度が高い。しかし、県が当初想定していた『沖縄県民のニーズに即して作成された計画に基づき、沖縄振興に係る事業を自由に選択し、実施できる』制度には遠く及ばない」

「事業費の一部は従来の補助金同様、県や市町村が自己負担する仕組みになっている」

と不満を表している。

記事からは、東日本大震災復興費用の捻出《ねんしゅつ》で厳しい財政状況のなか、あえて、他の市町村を犠牲にして三〇〇〇億円近い予算が捻出されたことについての、前向きな言葉は見られない。

さらに、政府に対して、

「将来世代に負担を先送りする手法はいずれ破綻《はたん》を免れない」

「失政のつけを、消費税増税という形で国民に担わせようとしているのは納得がいかない」

「とりわけ野党は、政権のあら探しに腐心するのではなく、一つ一つの事業を精査し、税金の浪費を食い止めてもらいたい」

とも付け加えている。

琉球大学の宗前《そうまえ》清貞准教授は、二〇一三年一二月二六日付『琉球新報』で、

「使い勝手のよい一括交付金ができたことは一般論として沖縄にとってはいいこと。しかしそうはいってもアメ玉、しかも強引にしゃぶらされるアメ玉だ。東日本大震災の復興費もあるなか、概算要求より500億円も積み上げげたのは予算査定の常識にない。官邸の意向が働いているとしか思えず、無邪気に喜べない」

と皮肉った上で、

「沖縄は補助メニューに沿って事業をしていればよいという期間が40年続いた結果、目的を達成するため今何をすべきか、という政策の体系化が弱い。さらに自由度が高い予算執行には自

律性が必要だが、その点も弱い」

「復帰前の琉球政府の発想に帰るべきだと思う。琉球政府は米民政府の制約があったにせよ、国に頼ることなく自らが住民に責任を持たねばならなかった」

「これからは地域住民に必要な施策は何か、というところから発想しなければならない。政策決定過程における住民参加の仕組みも必要となるだろう」

との談話を寄せている。

予算獲得の舞台裏

元沖縄総合事務局調整官で沖縄大学地域研究所特別研究員の宮田裕氏は二三年一二月二八日付『沖縄タイムス』で、

「40年間で9兆2千億円の振興事業費が投入され、道路、空港、港湾など社会資本は整備されたが、経済創出効果はほとんど見られない。第1次産業に1兆5千億円の予算が投入されたが、3万5千世帯が農業を捨てた。3千ヘクタールの耕地が放棄され、県内総生産のシェアは復帰時の7・5パーセントから1・7パーセント（2008年度）に、第2次産業は22・5パーセントから12パーセントにそれぞれ低下し、モノづくりは衰退した。振興予算は県外へ流出し、『ザル経済』をつくり出す要因ともなった。国直轄事業は本土ゼネコン優先発注が続き県内で資金循環しない構造がつくられた」

と分析した上で、「（二四年度予算は）予算査定から見ると、このような査定の在り方は、到底考えられない。概算要求のシステムとしてはあり得ないことだ」と述べ、返す刀で、こう疑問を投げかけている。

「一括交付金について、県と市町村でどのような使い方をするのか？　交付金についての算定基準、配分方法、執行体制などの行程表は見えないままだ」

「制度をこなす行政力も問われる。一括交付金は県が査定し交付することになるが、市町村ごとの財政状況を把握し事業内容、経済合理性、費用対効果などを検証し、偏らない予算配分も求められる。予算を査定する『知事』に対し、査定される『市町村長』はおのずと弱い立場に置かれる。市町村間の予算分捕り合戦も予想される。一括交付金化で知事の権限が大幅に強化されることになり、県議会のチェック機能が非常に重要となるが、その役割を果たしえるだろうか」

県はその後、予算配分に着手するが、ある財界関係者は三〇〇〇億円近い予算獲得の舞台裏をこう証言した。

「政府に要求する段階では具体的なスケジュールは決まっていなかった。沖縄の場合、復帰後、要求すれば、何でも通るという確信に似た自信がある。だから、過去一〇年間の数字を参考に上乗せして要求する。どうせ削減されるのだから要求は多い方がいいという発想だ。予算がついた段階で、『さて、どうするか』『どう配分するか』と考え始める。一括交付金についても、要求する段階から何も決まっていないから、各種団体や各市町村は、予算を獲得しようとしのぎを削っていた」

そして、県の元幹部はこう語る。

「事業計画を練って、その上でプロジェクトに基づいて金を借りるのが普通だが、今の沖縄にはそれがなくなってしまった」

こんな声もある。話すのは民間企業のトップだ。

「ある業界の話だが、その業界に一括交付金から億単位の割り当てがあった。ところが、使い道が決まっていないから、大変ですよ。使い切らないと来年度は出ないといって、使い道を相談している」

ある観光業界関係者は、言葉少なに、

「沖縄は復帰以降、自立経済を確立できなかったのは米軍基地があるからと、すべて米軍基地の責任にしてきた。本当にそうだろうか。補助金の大部分を本土の大手企業がかっさらっていったという側面もある。だが、莫大な援助を受け続けながら、それを自立経済に向けて活かせなかったのは事実だ。沖縄自身も、犠牲者だから補助は当然という思いできたから、補助金を真剣に活かせなかった」

と話した後、こう警鐘を鳴らした。

「震災後の状況のなかで、今度の沖縄振興予算がほかの都道府県にとってひどく負担になることは問題だと思っている。惨禍をこうむった沖縄が、基地問題を含めてその経験をはっきりと伝えるとともに、では沖縄は今、そしてこれからどうしてゆくのかを、自己検証しなければならない時だ」

竹蔵氏の「沖縄は特別」発言のように、復帰後四〇年間、安全保障問題、国防問題をまったく議論することなく「沖縄＝特別」という言説ばかりが続き、その結果政府と沖縄の間に、ある奇妙な「暗黙の合意構造」ができあがってしまったのである。

第五章　活用

基地を使う

米軍基地活用経済

沖縄の米軍基地は二万三二九三ヘクタール。全国の米軍基地（一〇万二八二二ヘクタール、自衛隊との共有基地を含む）に占める割合は二二・七パーセントだが、県土面積に占拠する割合は一〇・二パーセントにのぼる。そこに三四の施設が存在し、約四万五〇〇〇人（平成二一年九月末時点）の軍人、軍属、家族が生活をしている。

第四章で触れたように、米軍基地を抱えている沖縄に、基地に関連する収入が発生するのは当然だが、それ以外にも、沖縄振興策とは別の、さまざまな名目の交付金や補助金などの優遇措置が講じられている。

まず、二〇年度の県民総所得に占める基地関連収入の割合を見る。

県民総所得が約三兆九五四八億円で、このうち基地内の建設工事費や光熱費、米軍による物資調達費、基地内事業者の物資調達費など米軍基地関連の収入が約六八七億円、軍雇用者所得が約五二〇億円、軍用地料が約七八四億円――など、基地関連収入は二〇八四億円にのぼり、県民総所得の五・三パーセントを占める。この基地関連収入は本土復帰した昭和四七年が一五・五パーセントだったことを考えると、大きく低下したとも言える。

だが、米軍基地関連収入はこれだけではない。

米軍基地を抱える市町村には、特別の交付金や補助金がある。

二一年度を見ると、二〇の市町村に障害防止工事や防音工事の助成、移転補償などの名目で約六六億七二〇〇万円が、二四の市町村に基地交付金として約六七億三三〇〇万円が、一六の市町村に防音事業関連維持補助金として約六億一六〇〇万円が交付されたほか、市町村有地料として一六の市町村に約九九億六二〇〇万円が支払われている。総額にすると、市町村の基地関連収入は約二七一億円にのぼり、全市町村の歳入総額の四・三パーセントを占めている。

県や反米軍基地を訴える人々は、基地関連収入の占める割合が一五・五パーセントから五・三パーセントになったことだけをとらえて、基地依存経済から脱却すべきだと強くアピールする。基地がなくても自立経済を確立できるというのだ。

沖縄県議会（高嶺善伸議長）はそれを証明するため、二二年、在沖米軍基地が全面返還された場合の経済波及効果を試算、発表した。それによると、米軍用地料収入や基地雇用者所得などの基地収入、それに基地周辺整備費などの補助やさまざまな高率補助のかさ上げ分を含めると、基地関連収入の総額は年間四二〇六億六一〇〇万円にとどまるが、米軍基地がすべて返還されると、基地海域の漁業操業制限を解除した場合の経済波及効果や跡地を商業や農業に活用することで得られる経済効果は年間四兆七一九一億四〇〇万円。現在の県内経済規模を考慮すると実現可能な経済効果は、一九・四パーセントの年間九一五五億五〇〇〇万円にとどまるが、それでも、米軍関連収入の二・二倍にのぼるとした。さらに、米軍基地があるため得られない逸失利益は年間四九四八億八九〇〇億円にのぼると推計した。

雇用面でも、現状の二・七倍となる九万四四三五人の雇用が生まれるとした。

高嶺議長はこうした試算をもとに、復帰後、昭和四七年から平成二二年までに交付された国の予算の少なさを指摘し、

「他府県からは基地があるため国からの財産移転が相当あると思われているが、実際には基地があるがゆえの逸失利益が相当大きい。振興策について政府内からは沖縄を甘やかしてはいけないという論調があるが、試算を見れば、支援策としてはあまりにも足りないことは明白だ。国にも振興策のなかで検討するよう求める」

と語った。

北谷町、基地依存からの脱却の背景

沖縄では、基地依存からの脱却が成功した例として、北谷町《ちゃたんちょう》のケースがあげられる。

北谷町は戦後六〇年間、米軍基地が町の面積の五六パーセントを占めていた。返還されたのは、米軍ヘリ部隊が駐留していたハンビー飛行場（約四三ヘクタール、昭和五六年返還）と射撃訓練場だったメイモスカラー地区（約二三ヘクタール、同）。

返還前、北谷町には軍用地料や基地交付金など年間約四億六〇〇〇万円の基地関連収入があった。

返還後、ハンビー飛行場とメイモスカラー地区は、大型ショッピングセンターや大観覧車、シティホテルなどを抱える一大商業エリア「アメリカンビレッジ」に姿を変え、ハンビー飛行場は建設投資などで一〇年間で総額一七二六億七〇〇〇万円の経済波及効果を生んだとされる。税収も、返還前は固定資産税だけで三五〇万円だったのが、返還後は固定資産税だけで一億八五〇〇万円、人口が増え町民税も約一億円と、およそ八〇倍に増加した。

メイモスカラー地区も、返還後六年間で四〇二億六〇〇〇万円の経済波及効果を生み、税収も返還前の一九二万円から約五六倍の一億八五〇〇万円になった。

この北谷町は基地返還後の跡地利用の成功例とされるが、北谷町の開発に詳しい関係者は、「返還されたといっても、周囲には嘉手納《かでな》基地など米軍基地は多く残っている。アメリカンビレッジとしたのは、アメリカ人相手の街にするためだった。アメリカ人が来れば日本人も来る。アメリカ抜きでは経済効果はあがらない。北谷は海が近くて観光地でもある。今でも、基地と観光は共存している。基地がなくなると、今のままではすまないのは明らか」

と、米軍抜きでは町おこしは成功しないと言う。

さらに、沖縄県を代表する優良企業の沖縄電力も、総需要のうち、九・四パーセントが米軍基地に対する供給で、基地が撤退した場合、大きな痛手を受ける可能性が高い。

米軍基地を抱える市町村には、ほかの市町村にない特別の優遇措置がある。防衛施設周辺の生活環境の整備等に関する法律（いわゆる基地周辺整備法）に基づく防音工事などへの助成金や助成交付金、調整交付金、軍用地代などの基地関係収入がそれだ。

基地周辺整備法では、防衛施設周辺の民生安定施設の助成として、自治体が道路や公園、消防施設などを整備する場合、国が補助することになっている。

しかし、基地を抱えない自治体にはそうした助成金や補助金がなく、予算面で想像以上の開きがある。

四一市町村のうち、米軍基地を抱えるなど何らかの形で基地と関係のある二五市町村の歳入総額に占める基地関連収入の割合を見ると、平成一八年度では、宜野座《ぎのざ》村の三一・八パーセントを筆頭に、金武《きん》町の二六・九パーセント、恩納《おんな》村の二四・五パーセントが続き、嘉手納《かでな》町、北谷町、読谷《よみたん》村、伊江村、名護市、国頭《くにがみ》村では一〇〜二〇パーセントを、北中城《きたなかぐすく》村、浦添《うらそえ》市、沖縄市、うるま市では五〜一〇パーセントを基地関連収入が占めている。

渡名喜村、宜野湾《ぎのわん》市、中城村、東《ひがし》村、久米島町、那覇市、南城《なんじょう》市、本部《もとぶ》町、八重瀬町、石垣市、糸満市、宮古島市も五パーセント未満を基地関連収入に頼っている。残りの一六市町村は基地関連収入はゼロだ。

金額ベースで見ると、二〇億円以上＝浦添市、名護市、沖縄市、うるま市、金武町、一五億円〜二〇億円＝恩納村、宜野座村、読谷村、嘉手納町、北谷町、五億円〜一〇億円＝那覇市、

宜野湾市、国頭村、伊江村、一億円〜五億円＝南城市、北中城村、中城村、一億円未満＝石垣市、糸満市、宮古島市、東村、本部町、渡名喜村、久米島町、八重瀬町——となっている。

沖縄県によると、一八年度の県下市町村の経常一般財源比率の平均が一〇八・一パーセントなのに対し、宜野座村は一六八・四パーセント、金武町は一四八・二パーセント、恩納村は一四七・五パーセント、嘉手納町は一四二・九パーセント、北谷町は一一九・八パーセント——と、基地所在市町村が上位を占めた。

また、経常収支比率は県下市町村の平均が九〇・八パーセントのところ、金武町は七四・〇パーセント、嘉手納町は七八・三パーセント、恩納村は七九・六パーセント、北中城村は八一・三パーセント。

県は、「基地所在市町村は、基地関係収入が財政に深く組み込まれ、基地のない市町村に比べ、財源が豊かで財政構造も弾力的な構造となっている」とした上で、「これらの基地関連収入が大幅に減少またはゼロになった場合には、財政に大きな打撃を被ることになる」と分析している。

自治体の交渉術

自らも軍用地主で米軍基地問題に詳しいあるジャーナリストは、「数字に見えない基地関連収入も多い」と話した上で、

「米軍を抱える自治体、例えば、北谷町や沖縄市、嘉手納町などは補助金が入るから、道路をはじめ町や村全体が整備され活気を帯びている。米軍がらみで何か困ったことや不満があれば、注文するとすぐに予算がついて補償してくれるからだ。エアコンも県内で一番早かったし、エアコンの次は防音窓。窓を閉め切ると防音はできるが、エアコンをつけると電気代がかさむからと、今は国の補助でソーラーパネル工事をはじめている。何から何まで、生活は保障されている」

と、基地依存ではなく、むしろ基地を活用する経済実態を解説し、予算獲得のための巧みな、しかし厳しい生活実態のなかでの、生きるための交渉術をこう証言した。

「反対に基地がない自治体は、基地を抱えている市町村と比べて恩恵がない。予算がつかないから寂れる一方だ。だから、『家の上を飛行機が飛んでうるさい。基地はないが、少しは被害を受けているのだ』とクレームをつけて、基地反対ののろしを上げる。本音は基地反対ではなくて、『俺達にも補償しろ』ということ。政府は政府で少しでも基地反対の声を抑えたいから補助金をつけてしまう。基地被害を口にすれば、金が出るとみんな思っている」

ある財界関係者はこうした自治体の巧みな交渉の事実を認めた上で、政府の対応のまずさを指摘する。

「政府は『被害があるから補償しろ』と言われた時、『被害者ですね。分かりました。補償しましょう。でも、補償を受け入れるということは、基地を認めるということですね。リンクしていますね』と確認しておけば、基地問題はこんなに大騒ぎにならなかった。基地問題を避けて、あえてリンクに触れずにきたから、結果的に双方が目を伏せたくなるような後味の悪い交渉になってしまう」

米軍基地反対を唱えながら、こんな自己矛盾を起こしているケースもある。米軍は基地を地元自治体に返還したいが、地元が返還されると困るといって、返還反対の声を上げるケースだ。

その典型的なものが、米海兵隊基地「キャンプ・ハンセン」だ。

問題になったのは名護市にかかる約一六〇ヘクタール。大半が市有地だが、昭和五一年に、日米合同委員会が返還を了承。平成七年に、三年後の返還を決めた。

ところが困ったのは地元の三行政区と市。土地は尾根に沿った斜面で、返還されても利用価値がないからだ。さらに、軍用地料として、市に年間一億三〇〇〇万円が支払われ、その約四割は分収金として、三つの区に入っていた。

市は返還時期が来るたびに、賃貸借の継続を国に要求、これまで三度、返還が延期された。二三年末に再び期限を迎えるため、返還されては困ると返還反対の声を上げたのだ。

市は普天間《ふてんま》飛行場の辺野古《へのこ》への移設に反対する姿勢を貫いているが、キャンプ・ハンセンの返還話になると困るといって、使用継続を求める。関係する三つの行政区も、キャンプ・ハンセンの使用継続を求めたが、一区だけが「キャンプ・ハンセンは必要だが、普天間飛行場の辺野古への移設は反対」――という不可思議な対応なのだ。「辺野古には新しい基地を作らせない。キャンプ・ハンセンは新たな基地ではないから受け入れる」というのが理由だが、それに対して「辺野古への移設は新基地建設ではない。キャンプ・シュワブを拡張するだけだ」という声もあり、もはや、矛盾の連鎖となっている。基地がある限り、そこに基地に依存した経済が生まれることを知り抜きながら、基地問題に真正面から取り組むことを避けてきた日本政府の不作為の結果の一つが、ここにある。

米軍に詳しい地元ジャーナリストも、

「例えば、米軍は北部訓練場の一部を返したいとする。ところが、地元はジャングルのような山を返されても使いようがなく困るから、返さないでほしいという声を上げる。県民の本心は複雑でなかなか把握できない」

と首を傾《かし》げる。

ある革新系地方議員は、

「県民総所得のなかに占める基地関係収入の割合が小さくなってきたというが、それは、予算のパイが大きくなってきたからで、実態は変わっていない。県知事も、基地による経済効果を県民に説明しないといけないが、それをしていない」

と、沖縄経済に与える基地の影響は依然として大きいという。

ある財界関係者は、「自分も反省しなければいけない」と前置きして、

「『基地がなければ発展した』『基地があったために発展しなかった』と言う人がいるが、『本

当にそうなのか？』と尋ねたい。振興策を名目に巨額な補助を受け、さらに、基地反対を口にしながら、巨額な助成金を受け取ってきた。でも、自立経済を本当に考えてきたかというと、自信がない。考えてこなかったと言った方が正しいかもしれない。基地問題と並行して、基地を活用した自立経済の確立を目指すことこそ重要だったのに、それを怠った。沖縄が経済自立できなかったのは、基地問題ではなく、沖縄自身の責任。沖縄に向かって基地の存在を問いかける必要がある。今では基地があっても発展できると思うようになった。だが今のままでは、基地が返ってきても発展はない」

ある保守系議員は、

「復帰四〇年。すべて、日本とアメリカのせいにしてきたが、沖縄も自己反省すべき時が来た。過剰な被害者意識からは何も生まれない。今こそ沖縄が生まれ変わる時だ」

と警鐘を鳴した。

軍用地料、値上げの理由

さまざまな基地関連収入のなかでも、復帰以降、右肩上がりに値上げが続いているのが軍用地料だ。

平成二三年一一月一三日、沖縄県宜野湾市のホテルで、ある総決起大会が開かれた。主催者は、県内に駐留する米軍や自衛隊の基地内に土地を持つ軍用地主らでつくる「沖縄県

軍用地等地主会連合会（土地連）」（浜比嘉勇《はまひがいさむ》会長）。

沖縄県内の米軍用地は、平成二二年三月末現在、約二万三二九三ヘクタールで、国有地は八〇三八ヘクタール、県有地が八一三ヘクタール（三・五パーセント）、市町村有地が六八四一ヘクタール（二九・四パーセント）、民有地が七六〇一ヘクタール（三二・六パーセント）。

軍用地主には、毎年、軍用地料が入ることはすでに述べたが、沖縄の本土復帰四〇周年にあたる二四年五月に契約更新を迎える。

決起大会は、二四年度の軍用地料を二一年度の一・九六倍の一七八二億円にしろという集会だった。

沖縄の米軍基地は、米国の施政権下では米軍が直接管理していたが、本土復帰後は、日米安保条約に沿って、日本政府が地主から借り上げた上で、米軍に提供している。政府は、昭和四七年五月一五日の本土復帰時に地主らと二〇年間の賃貸借契約を結び、平成四年に再契約。その再契約が二四年五月に期限切れを迎える。そこで再々契約にあたっての賃料値上げ交渉が行われたのだ。

値上げの理由はこうだ。

賃貸料は「山林・原野」「農地」など、戦前に登記された地目で算定され、施設周辺の開発が反映されていない。今回の二〇年に一度の契約更新に伴い、「周辺の土地利用を反映させる」「基地として長期に土地を使われる危険負担への補償を加える」「基地がなければ経済発展で得られたはずの逸失利益を加える」――など、算定方法の見直しを提案。基地がなければ宅地開発が進んだと想定、地目を「宅地」と見なしたうえで、実勢価格を加味して算出したのが二一年度比で一・九六倍、八五五億円増の年額一七八二億円だという。

「そもそも土地は奪われたモノ。国はそうした点を考慮して正当な評価額を示すべき」

軍用地主ならだれもが口にする言い分だ。

軍用地料は、契約の更改とは別に、毎年、土地連と防衛省が交渉して決定される。

ある自治体の軍用地等地主会の会長によると、地料は、基本的には毎年一月一日現在の基地周辺の公示価格を基準にして決めるが、エリアによって価格は違う。一番高いのは那覇軍港で一坪一万八〇〇〇円から一万九〇〇〇円。浦添市で一坪六〇〇〇円前後だという。地代は宅地扱いだと高く、田畑だと安い。那覇軍港は全部宅地扱いだから高いのだという。ただ、同一施設は同一単価で、滑走路であれ倉庫であれ価格は同じだ。

地主側はこれまで、交渉の場で「地主が受けた不利益は清算されていない」「返還されたとしても、通常の状態にするには長い年月がかかる」など、代償として地料の値上げを要求し続けた。

この結果、米軍基地の軍用地料は沖縄全体で昭和四七年に一二三億円だったのが、平成二〇年には七八四億円に。一時は三〜五パーセントの上昇率で、バブルが崩壊して全国的に地価が暴落した後も一パーセント前後の上昇が続いている。上昇率が一〇パーセントを超えた時期もあった。

賃料が毎年右肩上がりで上昇した背景に、ある与党議員は、

「『沖縄に申し訳ない、沖縄の苦労に報いたい』という理由もあったが、政府側に、軍用地主の協力なしには米軍基地を受け入れることができないから、地主側の機嫌をそこねないようにという思いがありすぎた。地代さえ払っておけばいいという金任せ主義と無責任が蔓延《まんえん》した結果」

と言うが、政府の「金さえ払っておけば」という施策に地主側ものったという側面があることは否めない。

商品としての軍用地

ところが、今回の一・九六倍という想定外の要求に驚いたのが防衛省側だ。政府は震災復興を抱え、財政事情が苦しい上、沖縄の基準地価が下がるなか、軍用地料だけを上げることに抵抗があった。九月末の概算要求段階で、九二七億三一〇〇万円を提示したが、それでも、今年度比一・一パーセント増と例年並みのアップ率だった。ここでも、地主への遠慮と配慮が浮き彫りにされる。

相撲で言えば、横綱と幕下。しかし場合によっては再契約を拒否することも可能な地主側に対して、政府が折れた恰好だ。

結局、二四年度の米軍用地の賃貸借料は前年比一・六四パーセント増（約一五億円）の総額約九三二億円が計上された。しかも、政府は、二四年五月の二〇年に一度の契約更新に向けて、更新に応じる地主に一〇万円を支払う更新協力費として約三一億五二〇〇万円（約三万一五〇〇人分）を盛り込んだ。

軍用地主の一人は、財政難のなか、法外な要求額を提示したことについて、「二倍近い要求が認められるとは、だれも思っていない。どうせ削られるのだから、要求額は大きい方がいいという発想」だと言う。第四章で述べた予算獲得と同じだ。

ある革新系議員は、田中聡前防衛局長の不適切発言や一川《いちかわ》保夫《やすお》前防衛大臣が少女暴行事件を「詳しく知らない」と発言するなど、沖縄との関係が悪化する一方で、普天間飛行場の辺野古移設に向けた環境影響評価（アセスメント）の評価書を二三年末までに提出しようとする防衛省方針に地元が反発していたことが、米軍用地の契約更新と重なったことをあげ、「国が沖縄との関係を少しでも改善したかったことも、賃料アップの背景にある」と話した。

賃料交渉において、常に地主側が風上に立ち続けてきたのだ。米軍基地が存在する限り、毎年この賃料が補償され続けることになる。

この軍用地料をめぐって、新聞には軍用地を売買する不動産業者の広告が載らない日はない。軍用地の販売価格は、土地の面積に坪単価を掛けた金額ではなく、年間の借地料に返還予想年を掛けた金額が販売価格となる。例えば、年間一〇〇万円の賃料が入る軍用地が売りに出されたとすると、嘉手納基地の場合、最大で三五倍（三五年分）前後で売買される。とすると、販売価格は三五〇〇万円。銀行から融資を受けたとしても、毎年、軍用地料は右肩上がりに上昇するから、三五年を待たずして完全返済できるという仕組みだ。低利息の銀行に預金するよりも利回りがいいことから、投機性の高い商品でもある。

買い主は、何も資産家ばかりではない。公務員や教員などが、老後の生活のために退職金で購入することも多いという。沖縄市のある元地方議員は「現役時代に基地反対運動をしていた教職員のなかにも、軍用地を買う人が結構いる。運動と資産運用は違うのでしょう」と皮肉を交えて話した。

一方、まとまった現金が必要な軍用地主は、軍用地を手放せば、すぐに二〇倍、三〇倍の現金を手にすることができるのだから、こんなうまい取引はない。「軍用地を買いたいという他府県の人も増えてきた。投機のためだ。地主の方も、以前は先祖の土地だからと売る人は少なかったが、最近は変わってきた」と、前出の軍用地等地主会の会長は言う。さらに軍用地を担保にした「軍用地ローン」もある。

ただ、嘉手納基地のように返還の可能性が薄い基地は価格が下がることはなく、軍用地は三〇倍以上で取引されるが、普天間飛行場のように、返還がいったん決まると、三〇倍から、二〇倍強まで下がってしまう。

軍用地主の一人は、

「返還が決まっている普天間飛行場を抱える宜野湾市では銀行の貸しはがしが始まっている。基地が返還されると、跡地利用がはっきりしない以上、地価が暴落するのは目に見えている。だから、銀行は貸さないし、地主も返還されたらローンを返せない」

と現状を嘆く。

毎年、仕事をしなくても一定の収入がある。この為の新たな問題も起きてくる。

身内同士の軍用地の権利の奪い合い、貸金業を始めたが失敗、知人の連帯保証人になったが逃げられた……。ある地主会の幹部は、「一〇〇万円単位の軍用地料が入ってくると、定職につかず、朝からパチンコに行ったり、酒を飲んだりする地主もいる。地料は麻薬のようなもので、金銭感覚が狂ってしまうこともある」と言葉を濁した。

「わたし達の基地をどうするか」

沖縄県は平成一一年三月、軍用地主六一四人を対象に実施した「沖縄県駐留軍用地等地権者意向調査」の報告書をまとめている。

それによると、所有する軍用地面積が最も多かったのは、「七〇〇平方メートル～一三〇〇平方メートル未満」で一六・五パーセント、次いで、「三〇〇平方メートル～七〇〇平方メートル未満」と「六七〇〇平方メートル以上」の一三・八パーセント、「一三〇〇平方メートル～二〇〇〇平方メートル未満」の一三・二パーセント、「三四〇〇平方メートル～六七〇〇平方メートル未満」の一二・八パーセント、「三〇〇平方メートル未満」の一一・八パーセント、「二七〇〇平方メートル～三四〇〇平方メートル未満」の九・五パーセント、「二〇〇〇平方メートル～二七〇〇平方メートル未満」の八・七パーセントが続いた。

一年間に受け取る軍用地料は、「五〇万円未満」が一九・九パーセント、「五〇万円以上一〇〇万円未満」が一六パーセント、「一〇〇万円以上二〇〇万円未満」が一九・二パーセント、「二〇〇万円以上三〇〇万円未満」が八・一パーセント、「三〇〇万円以上五〇〇万円未満」が一四パーセント、「五〇〇万円以上一〇〇〇万円未満」が一一パーセント、「一〇〇〇万円以上」が三・九パーセント。

軍用地料の使途は、「生活費」が七六・三パーセント、「こどもなどの教育資金」が一五・二パーセント、「事業資金」が三・一パーセント、「借金の返済」が二〇・四パーセント、「貯金」が九・三パーセント、「趣味、娯楽費」が二・八パーセント、「冠婚葬祭費」が六・〇パーセント、「その他」が一〇・一パーセントである。

軍用地料がなくなった場合、四八・七パーセントの人が「非常に困る」と答え、「やや困る」が二七・四パーセント、「ほとんど困らない」は一八・九パーセント、「わからない」は三・七パーセントだった。

「米軍基地の返還の進め方」については、「段階的返還」が四〇・五パーセントで最も多く、「早く返還した方がよい」の一一・四パーセントを大きく上回った。また、「その他」と答えたのは二九・二パーセントあり、「返還されない方がいい」「現状維持（そのままがいい）」が多くを占めた。

「軍用地の返還が決まった場合の気持ちは」という問いには、三六・七パーセントが「とても心配」で、三一・九パーセントが「少し心配」と、六八・六パーセントの人が不安要素を抱えていた。逆に「心配はない」は二三・〇パーセントだった。

「とても心配」「少し心配」と答えた理由は、「生活に困るから」が最も多く五二・四パーセント。次いで「跡地利用計画ができていないから」（三二・六パーセント）、「返還後の補償が十分でないから」（一七・一パーセント）、「返還されても利用できない土地だから」（一〇・五パーセント）――となっている。

米軍基地内の環境問題については、「国、県、市町村が基地内に立ち入り調査できるようにすべき」（三六・八パーセント）、「返還と関係なく今すぐ全ての米軍基地について、国あるいは米国は環境調査・環境浄化を行うべき」（二六・五パーセント）、「返還前に米国あるいは国が環境調査・環境浄化を行うべき」（一六・一パーセント）と続き、基地の環境問題に対する関心の強さを浮き彫りにした。

また、自由意見として、

「早く返還しなくていいので、地料を上げてほしい」

「基地の近くの人の気持ちを考えたら早く返還した方がいいと思うが、現実問題としては収入がなくなるので困る」

「もし返還されるのであれば、地主が経済的にも環境的にも安心して使えるようにしてから返還してほしい」

「返還後、跡地利用ができるまで国が地主に保障をしてほしい」

「早く返還してもらって跡地利用を考えたい」

「できるだけ地主や市民の意見を反映させてほしい。反戦地主の意見ばかり聞くな」

「強いて返還しないでいただきたい」

「自分達の土地を勝手に取ったのにもかかわらず、相続税などが高すぎるし、地料が安すぎる」

「基地の撤去は、早急に進めるべきである。今日まで、地主の意向を無視して勝手に土地を、強制使用してきたのだから、解放後は国の責任において生活を保障すべきである。解放されても生活は成り立つのかと〝おどし〟をかけるのは地主に対してフェアーでない」

「軍用地料を生活費と借金の返済にあてているので、軍用地が返還されると大変困る」

「沖縄は雇用が少ないので、基地内での雇用は大切である」

「見返り事業ではなく、無条件の公共事業にすべき。本土に基地を移動させるべき。これ以上、県民を苦しめないでほしい。米軍がいる以上、事件事故が起きるから」

「地主を抜きにして、議論が進められているのはどうかと思う。反戦地主ばかりが、マスコミにとりあげられているが、軍用地主の意見も、もっと採り上げてほしい」

……等々の幅広い意見が寄せられている。

基地との共存

手元に二通の銀行の残高証明書のコピーがある。いずれも米軍基地を抱えるある自治体のある区の区長名義で、平成二二年の、ある日付のものである。

一通は、普通預金と定期預金で七億六〇〇〇万円余り、もう一通は、三億円の国債だ。この区では、区に支払われる軍用地料を運用、区民に均等割しているという。

前に述べたキャンプ・シュワブを抱える名護市辺野古の住民と海兵隊基地との一種の〝隣人関係〟はすでに紹介したが、辺野古以外にも米軍基地と共存共栄関係を続けている地域がある。キャンプ・ハンセンを抱える金武町《きんちょう》だ。

三七・七六平方キロメートルある町土の約六〇パーセントにあたる二二・四五平方キロメートルを米軍基地が占め、キャンプ・ハンセン、ギンバル訓練場、金武ブルー・ビーチ訓練場、金武レッド・ビーチ訓練場の四施設がある。

主要な部分は、昭和二〇年の沖縄地上戦が始まると同時に、日本本土攻撃の前線基地として建設され、四月下旬には中型飛行機が発着できる金武飛行場が現在のキャンプ・ハンセンに建設された。二五年に始まった朝鮮戦争やベトナム戦争が激化した三〇年代後半から強化された。

金武町のホームページは、

「現在、６千余人の米国海兵隊が駐留し、米軍演習による騒音公害や環境破壊、軍人・軍属による事件事故が度々発生している」

「広大な土地の接収が、町の振興発展の阻害要因となっているほか、実戦さながらの訓練が教育環境に悪影響を及ぼすなど、さまざまな基地問題を抱えている」

「このような状況を改善する為、国、県及び米軍の関係機関等と連携し、演習被害の軽減、事件事故の未然防止、基地経済からの脱却を図っている」

としている。

一読すると、脱基地政策と思われるが、町の関係者に話を聞くと、少しニュアンスが違う。

金武町の元幹部によると、金武町の場合、自立するために基地関係予算を最大限に使っているという。

「自立しなければいけない。基地収入がないならないで我慢すればいいが、なくなった場合、予算をどうするかを考えていかないといけない。貯蓄をすべきだし、証券を買って運用するのもいい。今は分からないが、私がいた頃は銀行で預金運用して、利ざやを稼いでいた。『いつまでもあると思うな基地と金』ですよ」

この元幹部によると、金武町では民有地分として一七億円、公用地（町有地・区有地）分として同じく一七億円の軍用地料が入る。民有地の場合は地主に入るが、公用地の分は町の予算に入り、その上で、約八億七五〇〇万円を、軍用地を抱えている四つの区で分ける。残りの八億円が町の予算として使われる。四区に配分される軍用地料は、区の人件費や婦人会、老人会の運営費に充てられ、残りは、一世帯当たり年間三〇万円から五〇万円ずつ分配される。

金武町に知人がいるという名護市辺野古の男性は、

「友人の長男夫婦が金武町に住んでいるが、年間六〇万円ほどの特別手当が出ると聞いた。九〇万円というところもあるようだ。軍用地料が入って、お金が余っているから町民に分ける。金武のお年寄のなかには、毎年、海外旅行に行っている人もいるらしい。こども手当どころか何もしないで、小遣いがもらえるから、町から離れない」

とも言う。だが、金武町の場合、公用地と民有地が混在しており、個人での再開発が難しいため、簡単に返還されても困るという事情もあるという。

基地と町、現在の関係

現地の商工会関係者で、自営業の金城輝男さん（仮名＝五八歳）によると、金武町は戦前はサトウキビ畑と桑畑で、製糖工場もあり、恵まれた土地だったという。日本軍が飛行場を建設したが、米軍に占拠され、それ以降、米軍との付き合いが始まった。

「三〇年代後半から、親父達が、米軍がくるということで、山を切り開いて町をつくった。畑や小高い山を仕切り直して、飲食街をつくった。この地域は新開地と呼ばれるが、それは山や畑だったのを新しく開いたからだ。キャンプ・ハンセンを中心にした城下町のようなものだ。ベトナム戦争の頃は、ドラム缶にお金が入りきらないくらい儲かったようだ。軍人達は、明日、戦地に行って、いつ死ぬか分からないからと、有り金を全部、置いていったと聞いている。一人で一晩、四〇〇〇ドル使った米兵もいたようだ。一ドル三六〇円の時代だから、一晩で一四四万円使った計算になる。それは一軒家が四軒建つぐらいの額だった」

金城さんは両親から聞いたとして、町の全盛期時代をこう話した後、

「返還後はドルの価値が下がり、町が寂れてきた。五〇年ぐらいまでは何とか頑張ったが、それ以降はどう活性化させるかをみなで考えている」

と、現在の基地と町との関係を話しはじめた。

「町の三分の二が基地だから、小さい頃から米軍がいるのが当たり前の生活だった。だから、抵抗はない。事件、事故もあったが、そういう環境のなかで生きてきたから、特別好きだとか、嫌いだとかという感情はない」

町では、米軍と独自の文化交流を続けているという。

国道沿いで海兵隊にエイサーを教えているのを報道されたのがきっかけだった。

「撤去しろといっても難しいし、軍用地料という恩恵も受けている。じゃあ、せっかくいるのだから、よき隣人として交流できればいい、仲良くやろうということ。米兵にもキャンプ・ハンセンにきたら、いい思い出をつくって帰ってもらいたいと。沖縄のチャンプル文化を知って

もらいたい。そんな町にしたい」

文化交流を展開する理由はもう一つある。

金城さんは、

「那覇は大都市だから発言力がある。北部は人口が少ないから発言力がない。植樹祭も北部に決まっていたのに、糸満市に持っていかれた。那覇など人口が多いところが中心になって動いている」

と、中部と北部の格差を嘆いた後、

「同じ沖縄県といっても、みな都会に出て行ってしまって、過疎化が進むばかり。金武の産業は農業と漁業で、ほかは何もない。沖縄電力の発電所があり、ダム工事などでゼネコンの連中が来ているので、人口は増えてはいるが、残った我々がここで何かをしようとしても、自分達だけでは購買力がない。米兵と仲良く付き合っていくほかない」

と厳しい現実を訴えた。

米兵と共存しながら、自活への道を探り続けているのだ。今でも、一〇〇軒ほどの飲食店が並び、金曜日や土曜日の夜は米兵でにぎわうという。

キャンプ・ハンセンを抱えることでもたらされる防衛予算も町づくりには欠かせない。

「アクティブパークや体験学習できるネイチャーみらい館、ホテル……公園の整備や道路も明るくなった。いろいろな事業を進めて、たくさんの人を呼び込みたい。防衛予算の使い道について、箱物ばかりではダメだという批判もあるが、それは住んでいる人次第。例えば、公園をつくっても何もしなければどうしようもないが、いろいろなイベントをすることで人を集められる。そうすれば箱物が無駄にならない」

箱物を無駄にしないために、カラオケ大会やソフトボール大会など、さまざまなイベントを企画している。

「金武では、軍用地料をもらっている人が多く、土地を貸しているのだから何でもやってもらって当然という考え方の人が多い。例えば道をきれいにしてもらって当然というように。イベントをするにしても、自分達は見るだけ。でも、それではいけないと思い、地元の社交業の人達と協力してイベントを始めた。もちろん、米兵も参加します。最初は『やらない方がいい』と反発もあったが、少しずつ変わってきた」

金城さんは、米軍基地との付き合い方について、

「基地の町というイメージは強いが、それを脱皮して、それだけではない、新しい金武町のイメージをつくり上げたい。米兵にしても地元にしても、お互いが顔見知りになれば、事件、事故もなくなるはずだ。隣の人の顔が分からないから誤解や諍《いさか》いやトラブルが起きる」

と、基地を活用し、基地と共存することで、町の経済的自立を目指したいというのだ。

そして「そのためには」と、基地行政に対してはこんな注文をつけた。

まずは、基地での雇用だ。

「防衛省は基地内の工事などに地元の業者ではなく内地の業者を入れる。米軍と付き合うのは私達。いいとこ取りも甚だしい」

続けて、

「人が少ないところに米軍基地を持ってこようとする。だから、反発が出る。ならば、もっと付加価値を付けてほしい」

と言って、こう提案した。

「沖縄の均等の開発を考えるなら、沖縄総合事務局や日銀の支店を北部につくってほしい。人がいないところにつくっても意味がないという発想では、過疎化が進むばかりだ。北部など人がいないところにつくれば、もっと人が流れてきて、有効に利用できる。こういう逆転の発想がない」

沖縄で米軍基地に反対する声が強いとされるが、それについてはこんな感想を漏らした。

「だれでも戦争は反対。でも、そうはいってても生活をしていかないといけないし、基地はどこかが受け入れないといけない。受け入れた以上は防音設備や電気料金など、国が責任を持って面倒を見るのは当然。沖縄は、中国から日本、アメリカ、そして日本と、厳しい時代を頑張って生き抜いてきた民族だ。米軍反対という声を聞くが、本当なのか、と逆に聞きたい。反対しているのは、生活圏に基地のない人や本土の人間でしょう」

終章

交渉

沖縄の過去・現在・未来

移民と沖縄

平成二三年一〇月一三日から一六日まで、沖縄で「第五回 世界のウチナーンチュ大会」が開かれた。

沖縄は日本有数の移民県。戦前、戦後を通して多くの沖縄人が県外に雄飛しており、現在、海外に住んでいる沖縄人は四〇万人にのぼる。沖縄人のことをウチナーンチュと呼ぶが、その海外に住む四〇万人のウチナーンチュが交流を持とうと始まったのが、この「世界のウチナーンチュ大会」だ。

初めて開かれたのは平成二年。それから五年に一度の割合で開かれている。一回目は世界一七ヵ国二地域から二三九七人が、二回目は三九二二人が、三回目は四三二五人が、四回目は四九三七人が集結した。五回目は二四ヵ国三地域から五三一七人が顔をそろえた。

前夜祭の一二日の夜は、那覇市の中心部・国際通りで八万八〇〇〇人が集まりパレードを行った。開会式には二万人が、一六日の閉会式には二〇万人が集まった。世界各国から郷土に集まるイベントは他の都道府県では見られない、沖縄特有のイベントだ。それほど、沖縄の人達は全世界にまたがって交流を持っているのだ。

沖縄の歴史はさまざまな顔を持っているが、移民も沖縄を理解する上で重要な側面だ。沖縄から県民が初めて海外に向け海を渡ったのは一一〇年余り前の明治三三年のこと。二六人の沖縄人がハワイのオアフ島へ集団移住した。

当時の沖縄は貧しく、海外に夢を求めて、一攫千金《いっかくせんきん》を狙ったのだ。県も過剰な人口を抑えることや貧困な経済を打破するために積極的に移民政策を推し進めた。このハワイへの集団移住を皮切りに、それ以降、南米を含め各地に移住するようになった。

移住先での生活は決して楽なものではなかった。それでも、稼いだ金を沖縄に住む家族に送り続けたという。

大正末期から昭和初期にかけての経済恐慌のあおりを受け、沖縄でも、県民は極度の悲惨な生活を強いられた。俗に「ソテツ地獄」と呼ばれる時期だが、そうした切羽詰まった時期でも移住先からの送金は続いた。

沖縄人が海外に新たな生活を求めて半世紀も経たないうちに大東亜戦争が勃発《ぼっぱつ》。一世達がようやく移民先で生活の基盤を築きつつあった頃だ。ここで、移民達は大きな苦難に向き合う。戦争を始めた日本と米国の狭間に立たされ、米国やカナダでは、敵国の人間として収容所に収監されたり、スパイ容疑をかけられたりすることも少なくなかった。さらに、戦争にかり出されている日系人は最も危険なヨーロッパ最前線に派兵された。この日系人だけで組織された部隊は「第百歩兵大隊」と呼ばれ、輝かしい戦果を上げたと伝えられている。

ところが、日本は敗戦。南米に移住した沖縄人は、それまで築き上げた財産を没収される。

それでも、故郷の沖縄が地上戦で焦土化したのを知ると、移民達は「血のつながる郷里の人々を救え」を合い言葉に、二世が中心となって救援運動を展開した。経済的な支援だけでなく、医薬品や衣類、食料を船で送り続けたという。

彼らは移住先で、沖縄県人会の前身となる市町村会を組織する。沖縄独特の食文化や三線《さんしん》などの伝統文化を伝えていくのが狙いだった。そうした故郷を思う心から芽生えた絆を全国、世界に発信したのが、「世界のウチナーンチュ大会」だ。

琉球人として

異国での苦しい生活のなかで彼らを支え続けたのが琉球人としての誇りとアイデンティティだったと言われる。

沖縄で統一国家が形成されたのは一四二九年。室町時代の頃で、その後、一八七九年の「廃藩置県」（琉球処分）が行われるまでの四五〇年間、琉球王国として全盛期を迎える。

その琉球王国が強い絆を持ったのが中国だった。一三六八年、元を倒して建国した明は、周辺諸国に臣下の礼をとらせて公的貿易を許すという、中国を中心とした貿易形態を確立した。琉球王国もそのなかの一つだった。一三七二年、明朝の朝貢国家としてスタートを切る。

その関係は中国の皇帝に対して周辺国の君主が貢ぎ物を捧げ、これに対して皇帝側が恩賜を与えるという形式だった。朝貢を行うためには、皇帝から琉球王と認定してもらう冊封《さくほう》を受け、名目的な君臣関係を結ぶ必要があった。

この時代が五〇〇年続く。この間、琉球王国は貿易国家として大貿易時代を迎えるが、船や通訳、船頭はすべて中国側から派遣された。もちろん、航海技術も伝授された。彼らは、その後、那覇市の久米村に定住、久米三六姓と呼ばれ、王朝の外交などの実務を扱うことになる。

琉球王朝はその後、慶長一四（一六〇九）年、薩摩藩の侵攻を受け、幕藩体制に組み込まれるが、中国の冊封関係はその後も続き、中国の朝貢国家でありながら幕藩体制の傘下にも入るという、日本と中国を相手に二重に朝貢する時代を迎える。

日本と中国という大国に挟まれながらも、巧妙なバランス感覚で独自性を堅持していく。幕末、ペリーが来訪した際も、最終的には修好条約を締結するが、したたかな外交センスでペリーを翻弄《ほんろう》した。

日本政府は明治維新を達成すると、明治一二（一八七九）年、琉球藩は廃止され、沖縄県が誕生した。

それ以降、日本国となるわけだが、戦争で日本が敗れると米国の支配下に入り、昭和四七（一九七二）年、ようやく祖国に復帰するのである。

沖縄とは、言うなれば、琉球王国という古い家屋に中国の王朝が乗っかり、その上に日本の文化が乗っかり、さらにアメリカ文化が乗っかるという多種多様な文化がチャンプル状態にあるところだ。

第一章において、シンガーソングライターの佐渡山豊《さどやま》さんの『ドゥチュイムニー』という歌を紹介した。〈唐ぬ世《ゆー》から　大和ぬ世　大和ぬ世から　アメリカ世　アメリカ世から　また大和ぬ世　ひるまさ変わゆる　くぬ沖縄〉——。まさに沖縄は常に施政者が変わる歴史を刻んできたのだ。そして、自らが置かれた歴史的、地理的境遇を、状況に応じて最大限活用し、生き延びてきた老練な島でもある。

沖縄流外交術

業界専門紙の編集者は、

「沖縄の歴史は八方美人的。アメリカ人を嫌いではない。もっとしたたかで、うまく付き合ってきた。台湾、中国とも。それほどやわではない。これが、沖縄流交渉術だ」

と沖縄県民を分析した。

知事経験者の一人は、沖縄の県民性をこう分析した。

「沖縄県人＋沖縄人　÷　2＝沖縄県民の姿。日本人になってみたり、沖縄人になってみたりする。そこが微妙だ。これを読み取るのは難しい。中国、台湾、アメリカ、薩摩、日本との関係のなかで、琉球人が学んだ生き方だ。沖縄は一つの独立国といっても、これまでの歴史のなかで中国との関係も長いし、日本との関係も深いという、微妙な環境のなかで生きてきた。こういうのが沖縄の柔軟性につながった。だが、生き延びるための軸になっているのは、琉球人としての誇りとアイデンティティだ」

常に琉球を最優先する絶妙な沖縄流交渉術だ。しかも、この知事経験者は「性格は楽天的であるが、抵抗精神がある。燃える時は燃える。日本人のなかでは特性がある」と続け、その交渉術を米軍基地返還交渉にこう当てはめた。

「沖縄県は強さがある。米軍とは共存共栄してきた。沖縄人は非常に現実的。例えば、普天間《ふてんま》の県内移設には徹底的に反対しているが、普天間より大きくてうるさい嘉手納《かでな》基地は出て行けとは言わない。これが沖縄人だ。アメリカは出て行けとも、言っていない。冷静に見ている。そういった意味では、したたかだ。長い歴史のなかでそういうふうに生きることを学んできた。したたかでなければ生きてこられなかった。沖縄の人間は両方を見ながら割り切っている。民主党はそれを見誤った」

そして普天間飛行場の移設問題では、

「政権は『県外移設』が実現するのではと、大きな期待を持たせて裏切ってしまった。誇りを傷つけられたという感情論になり、マグマが噴き出してしまった。民主党そのものに対する不信感が強く、日本対琉球という構図になってしまった。小さな火なら消せるが、もはや消せる段階ではない。実現性は低いが、琉球独立という言葉も自然と出るようになる」

と語る。

この絶妙な交渉術は政府との予算獲得交渉でも威力を発揮する。平成二四年度の予算で三〇〇〇億円近くを獲得したことや、米軍基地関連の補助金獲得交渉などが、このことを象徴している。

ある保守系議員は、

「政府は、予算でも基地問題でも、他の都道府県の時と同じような感覚で交渉をするが、沖縄は違う。沖縄は政府対自治体の交渉をしているのではない。我々は日本国と外交交渉をしているのですよ。それがまったく分かっていない。沖縄の歴史を見ればすぐに理解できるはずだが」

と自信を見せた。

政府側は交渉に入る前から、こうした沖縄の術中にはまってしまっているという指摘もある。指摘するのはある民主党県連関係者だ。

「政府はなぜ、お詫びばかり繰り返すのか。そんな必要はない。感情的な話にするから、誤解が生まれるのだ。復帰してからおかしくなった。政府が対応を間違えた」

さらに、現在、沖縄県知事や自治体の首長は、他の自治体と比べて、自由に首相や閣僚に面会している。沖縄の硬軟併せ持った交渉に、政府側の腰が引けている証左だ。

元外務省幹部は、

「知事が陳情する場合、普通は局長に会えればベスト。なのに、沖縄の場合はある時から特別扱いになってしまった。平成七年までは、知事も外務省の北米局長にしか会えなかった。次官にも会えなかった。それが、村山総理、橋本総理が甘やかして、沖縄県知事が来ると、総理が会うようになった。独立国並みになった。そんな特別扱いは沖縄県知事だけ」

と打ち明けた。ここでも沖縄は特別だ。

来たるべき沖縄へ

沖縄の交渉術を外交交渉ととらえれば、理解がしやすい。外交とは、そもそも、立場の違う国家が良好な関係を維持しつつ、自国の国益を引き出すことである。そうしてみると、日本政府の沖縄政策は、沖縄一辺倒に偏りすぎ、自主性を欠いていると言わざるを得ない。沖縄の複雑で波瀾万丈な歴史を見る限り、その時代時代の環境に合わせ、舵を取り続けてきた政治手腕は巧妙でしたたかであり、突出しているのは当然の結果である。沖縄側は、長い歴史のなかで体得した独特のDNAで、常に謝罪を繰り返す日本政府に対し、その後ろめたさを最大限活用してもいるのである。

そして、日本政府の外交が自主性を欠いているのは、対沖縄政策だけではない。中国や韓国に対する外交交渉にも言えることである。

ある革新系の地方議員は、

「今の日本政府は沖縄のことを知らなさすぎる。戦争被害者と米軍基地というカードを切られると、すぐに沖縄を聖域化して何も言えなくなってしまう。沖縄はそれを見透しているということ、さらに、それが沖縄の被害者意識を助長しているということに気づいていない。これは、日本政府の外交交渉力の欠如にもつながっている」

と鋭く批判したあと、沖縄にもこう注文を付けた。

「沖縄自身も、そろそろ、自ら、被害者意識の呪縛を解き放つべきだ。被害者意識からは何も生まれない。基地問題と補償、それに振興策とさまざまな課題を抱えるが、真の復帰は被害者意識を取り除くことから始まる」

あとがき

北方領土、竹島、対馬、尖閣諸島……。国防という観点で日本を見る時、危うさを孕んでいる地域があちこちにあることを「意識」している国民は、どれだけいるだろうか。

本書を執筆中の三月四日、中国政府は、平成二四年度の国防費が、前年度実績比一一・二パーセント増の約六七〇二億元（約八兆五〇〇〇億円）にのぼることを明らかにした。二桁増は二年連続で、ドル換算すると約一〇六四億ドルにのぼり、初めて一〇〇〇億ドルの大台に乗った。これは、日本の防衛関係費の約一・八五倍にあたり、米国に次いで三年連続で世界第二位になる。

中国は、潤沢な国防予算を背景に、初の国産ステルス戦闘機の開発や空母建造計画、さらに、米軍の接近阻止を狙った対艦弾道ミサイル（ASBM）や宇宙・サイバー空間の攻撃能力も増強中だ。この内容から、中国の狙いが、東シナ海、南シナ海への進出と、長期的な海洋覇権戦略にあると考えるのは自然だろう。

こうした状況下で、日本が特に警戒をしなければならないのは、尖閣諸島を含む東シナ海の防衛だ。本文でも、日本の排他的経済水域（EEZ）内での中国公船の横暴な行為について触れたが、中国政府が今年度の国防費を発表した直後の三月一六日、中国国家海洋局所属の「海監50」と「海監66」の二隻が尖閣諸島の久場島《くばじま》から北東約四〇キロの日本の接続水域内を航行。「海監50」は、領海線に沿うように航行した後、午前九時三八分から一〇時三分頃まで日本の領海に侵入した。

海上保安庁の巡視船が警告すると、「この海域でパトロールを行っている。魚釣島《うおつりじま》を含むその他の島は中国の領土だ」と応答。同船の電光表示にも日本語や中国語、英語で同じ内容を表示したという。中国公船の領海への一時侵入は平成二三年八月に続いてのことだ。

外務省の佐々江賢一郎事務次官は、中国の程永華駐日大使に対し、「尖閣諸島は我が国の明確な固有の領土だ。容認できない」と抗議したが、程大使は、釣魚島（尖閣諸島の中国名）は中国固有の領土だと反論したとされる。

三月一九日付『産経新聞』によると、中国国家海洋局は、尖閣諸島付近での巡視活動開始と東シナ海・ガス田海域の巡視を行うことを発表、「長期的で、常態化した重要な任務」と位置づけているという。同紙はまた、「同局は『巡視活動中、日本の船舶や航空機の妨害を排除し、わが国の釣魚島および周辺諸島の主権と管轄権を公に示した』と〝勝利〟を装い、『これからも国家の主権を保護し、国家の海洋主権を防衛する』と宣言した」と伝えている。

また、中国共産党機関紙『人民日報』は、「同局が昨年、大型船一〇隻、小型船一六隻の計二六隻の調査・監視船を増強。南シナ海海域に重点を置いた外国の船舶や航空機などに対する監視活動は、計九六六回に上った」と報じている。

*

平成二四年三月初め、防衛省は米国とフィリピン両軍による定期合同軍事演習「バリカタン」で行われる机上演習に自衛隊幹部を参加させる方針を固めたとされる。日本は実動演習には参加しないが、机上演習は中国を念頭に置いた内容で、石油や天然ガスの施設が攻撃された事態を想定、米比両軍の海兵隊が作戦を展開するという。

アジア太平洋地域の安全保障の重視を目標に掲げる米国は、中国を意識し、フィリピンや日本など、同盟国との協力関係を深めたいとするが、米国の危機感は、アジア太平洋地域がいかに不安定な状況にあるかを暗示している。

一方、国内はどうだろうか。現実問題として米軍の存在を否定できない状況であるにもかかわらず、政府は、懸案の米軍普天間飛行場の移設問題について、リーダーシップを発揮できずにいるばかりか、メディアも一部を除いて、こぞって移設先のみを議論の争点とし、国防の核心に迫ることはない。

では、尖閣諸島を抱える沖縄はどうなのか――。

三月中旬、硫黄島（東京都小笠原村）で行われた六七周年（平成二三年度）日米硫黄島戦没者合同慰霊祭を取材するため、私は海兵隊の軍用機「C－130ハーキュリーズ」で沖縄県宜《ぎ》野湾《のわん》市の普天間飛行場を飛び立ち、沖縄―硫黄島間を往復した。

夜、普天間飛行場に戻る時、上空から、漆黒のなかにきらきらと浮かび上がる宜野湾市の町並みを見た。滑走路が近づくにつれ、眼下の家々の灯りが迫ってくる。もし、事故が起きたら……と考えると背筋が凍った。普天間飛行場の危険性を一番感じているのは米軍だ。加えて、想像したくないことだが、もしひとたびそのような惨事が起きれば、米軍に批判が集中することは火を見るよりも明らかであり、だからこそ米軍は移設を急ぐのだろう。反米軍基地闘争に拍車がかかることも容易に考えられる。

しかし先にも述べた極東アジアにおける安全保障上の脅威を考えるなら、こうした基地の孕む危険性の除去を訴える基地反対闘争といわば背中合わせに、国防・安全保障という巨大な問題の文脈で基地の存在を再考すべきではないか。そしてまずなされるべきは、基地の一刻も早い移設ではないか。名護市辺野古だけが、世界で唯一、条件付きとはいえ移設受け入れを容認しているのだが、実行できないでいるのが現状である。

＊

実質的に本土防衛を担ってきた沖縄にあって、取材中、特にある世代以上の県民に、その葛藤とともに、一個の「矜持《きょうじ》」のようなものを感じることもしばしばだった。

なかば自嘲的に「基地依存経済」と言い、「〝アメとムチ方式〟で基地を押し付けられ、その結果、補助金漬けにされてしまった」とする県民の声も少なくない。本文でも触れた通りだが、その現実は「依存」を超えて、「基地活用経済県」とまで言える側面があることも確かだ。沖縄県民にとって米軍基地問題は、国防問題ではなく経済活性化の手段になっていることも否定できない。

沖縄には、自分達は被害者で差別され続けているのだという根強い不信感、我々は被害者なのだから少々の無理を通すのは当然という発想、それを反基地闘争に動員しようとする活動家の思惑など、さまざまな思いと思惑が混在する。そこにさらに、基地問題は沖縄に任せておけばいいという政府やメディア、ジャーナリストの存在や、国民の差別的で無責任な発想が「影」を落としている。こうしたなか、県民の国防への意識はきわめて複雑であり、その輪郭を摑むことは容易ではない。

＊

「唐ぬ世《ゆー》」「大和ぬ世」「アメリカ世」と激変する環境のなか、沖縄は、琉球人としての誇りを胸に伝統・文化を尊重・継承しながら、他者に侵略しつくされないすべを体得してきたように見える。時に柳の枝のようにしなやかに、時にガジュマルの根のように堅固に。

歴史のなかで身につけた「交渉術」で、沖縄は今、日本政府を踊らせているのか？　いや、真摯《しんし》に問いかけているのだ。

日本と日本人が、試されている。

日本人は、日本国家は、沖縄からの問いかけに、応えなければならない。

沖縄にいると、日本の行く末を真剣に考えるようになる。

復帰四〇年を契機に、改めて沖縄を日本の国防の要《かなめ》としてとらえ、その沖縄を通して日本を見つめ直したいという思いでペンを執ったのが本書だ。

執筆にあたって、以下の点についてお断りする。インタビューに答えてくださった方々の一部を除いて匿名とした。本書で取り上げた数々の問題は、家族でも対立するほど複雑で繊細さを内包している。インタビューの場でも、「実名では本音を話せない」と言われることがしばしばだった。それでもあえて考えを聞かせてくださった方々の心中、安全を考えると、匿名にせざるを得なかった。

最後に、沖縄県民でない私が本書を上梓《じょうし》できたのは、取材に応じてくださった多くの方々のご助言の賜物と、深く感謝申し上げる。また、執筆中、さまざまな観点からアドバイスをいただいた角川学芸出版書籍編集部の皆様に御礼申し上げる。

平成二四年三月

宮本雅史

【参考文献】
NHK取材班『基地はなぜ沖縄に集中しているのか』NHK出版、二〇一一年
沖縄県企画部統計課編『沖縄県統計年鑑　平成二二年版』沖縄県統計協会
沖縄県企画部統計課・沖縄県統計協会編『100の指標からみた沖縄県のすがた　平成二三年四月版』沖縄県統計協会
沖縄県国際都市形成推進室編『沖縄県駐留軍用地等地権者意向調査　報告書　平成一一年三月』沖縄県国際都市形成推進室
沖縄県知事公室基地対策課編『沖縄の米軍及び自衛隊基地（統計資料集）平成二三年三月』沖縄県知事公室基地対策課
沖縄県知事公室基地対策課編『沖縄の米軍基地』沖縄県知事公室基地対策課、二〇〇八年
沖縄振興開発金融公庫企画調査部調査課編『沖縄経済ハンドブック　二〇一一年度版』沖縄振興開発金融公庫企画調査部調査課
櫻澤誠「戦後沖縄における『68年体制』の成立——復帰運動における沖縄教職員会の動向を中心に」『立命館大学人文科学研究所紀要82号』二〇〇三年、所収
普天間基地移設10年史出版委員会編著『決断——沖縄普天間飛行場代替施設問題10年史』北部地域振興協議会、二〇〇八年
辺野古区編纂委員会編『邊野古誌』辺野古区事務所、一九九八年
前泊博盛『もっと知りたい！　本当の沖縄』岩波ブックレット723、二〇〇八年
守屋武昌『「普天間」交渉秘録』新潮社、二〇一〇年
安里進・高良倉吉・田名真之・豊見山和行・西里喜行・真栄平房昭『沖縄県の歴史』山川出版社、二〇一〇年
※このほか、『琉球新報』『沖縄タイムス』『産経新聞』『毎日新聞』『読売新聞』『朝日新聞』など。

宮本雅史（みやもと　まさふみ）
1953年、和歌山県生まれ。慶應義塾大学法学部卒業後、産経新聞社入社。1990年、ハーバード大学国際問題研究所に訪問研究員として留学。1993年、ゼネコン汚職事件のスクープで新聞協会賞を受賞。その後、書籍編集者、ジャーナリストを経て、現在、産経新聞社那覇支局長。主な著書に、『真実無罪——特捜検察との攻防』（角川学芸出版）、『「特攻」と遺族の戦後』『海の特攻「回天」』（ともに角川ソフィア文庫）、『検察の疲労』『歪んだ正義——特捜検察の語られざる真相』『「電池が切れるまで」の仲間たち——子ども病院物語』（以上、角川文庫）、『電池が切れるまで』（角川つばさ文庫）などがある。

JASRAC　出1204583-201

報道《ほうどう》されない沖縄《おきなわ》　沈黙《ちんもく》する「国防《こくぼう》の島《しま》」

平成二十四年四月三十日　初版発行

著　者——宮本雅史《みやもとまさふみ》

発行者——山下直久

発行所——株式会社角川学芸出版
東京都千代田区富士見二-一三-三
〒一〇二-〇〇七一
電話／編集〇三-五二一五-七八一五
http://www.kadokawagakugei.com/

発売元——株式会社角川グループパブリッシング
東京都千代田区富士見二-一三-三
〒一〇二-八一七七
電話／営業〇三-三二三八-八五二一
http://www.kadokawa.co.jp/

印刷所——旭印刷株式会社

製本所——本間製本株式会社

装　丁——芦澤泰偉

落丁・乱丁本はご面倒でも角川グループ受注センター読者係宛にお送りください。送料は小社負担でお取り替えいたします。

©Masafumi Miyamoto 2012　Printed in Japan
ISBN 978-4-04-653257-2　C0031